Lápiz, Papel y Calculadora

¿EXPERIMENTO SOCIAL?

JOAQUÍN ROLDÁN MORCILLO

Copyright © 2020 Joaquín Roldán Morcillo

Todos los derechos reservados.

ISBN: 9798678563583

DEDICATORIA

A nuestros jóvenes

ÍNDICE

	AGRADECIMIENTOS	i
	PRÓLOGO	iii
1	¿EXPERIMENTO SOCIAL?	7
2	EL PODER	46
3	DE MASCARILLAS, VIRUS INTELIGENTES Y OTRAS OCURRENCIAS	86
4	DE PCRs POSITIVOS Y ASINTOMÁTICOS	100
5	DOS MESES DESPUÉS	130
	FUENTES Y BIBLIOGRAFÍA	162

AGRADECIMIENTOS

A Isabel, Marcos y Pablo, por la energía que me infunden cada día, en la cercanía y en la distancia.

PRÓLOGO

Tras finalizar el libro "102 años después", que resumía horas y horas de trabajo con datos, enfocado a mejorar la gestión de la pandemia en una serie de hospitales de la provincia de Huesca, decidí descansar. El libro lo publicamos el 13 de junio, la situación estaba totalmente controlada y en unos días, la vuelta a la "normalidad" era un hecho.

Unas semanas después del 21 de junio y tras el fin del estado de alarma, el bombardeo mediático sobre "rebrotes y positivos" era y continua, en este agosto de 2020, siendo desesperamente. Un mensaje de miedo continuado y la sensación de que no hay vida más allá del virus. Por primera vez, en los 40 años que llevo "consumiendo" información, he visto el **mismo mensaje** sobre un hecho en **TODOS** los principales medios de comunicación. Jamás había visto nada igual, nunca, sobre ninguno de los muchos hechos que durante esos últimos 40 años, se habían producido en España. Comencé a escribir una serie de artículos, un tanto de denuncia, por el sesgo de información dado por los medios. La información que daban y están dando, es cierta, pero no es toda la información. Cuando das información sesgada, la manipulas y cuando la manipulas y la expones, hora tras hora, día tras día, semana tras semana, consigues modificar la percepción de la audiencia, de los ciudadanos, que pegados al televisor, a la prensa escrita, al ordenador o al móvil, buscan respuestas a una situación que les sobrepasa, que no entienden.

Estos artículos se escribieron bajo el título de **¿Experimento Social?** Y tras las miles de visualizaciones, decidí dar un paso más y tratar de reflejar mi visión, a través de los datos, de lo que he denominado **"fase de rebrotes"** y que temporalmente discurre desde el 21 de junio hasta el 20 de agosto de 2020 y trasladarla a este libro. Esto hace que deje la puerta abierta al desarrollo de un tercero, cuando toda esta crisis, forme parte del pasado de nuestras vidas.

El libro "arranca" con algunos de los artículos escritos, ordenados cronológicamente y dónde, además del análisis de datos que en cada momento hago, traslado mis sensaciones de lo que está ocurriendo.

El segundo capítulo del libro habla del **PODER**. Es la parte "conspiranoica" del libro (junto con algunas referencias cinematográficas de los artículos), del **Cui Bono** de la situación. El capítulo y en general el libro, pretende dar información y datos para que el lector reflexione y busque sus propias respuestas.

El tercer capítulo **DE MASCARILLAS, VIRUS INTELIGENTES Y OTRAS OCURRENCIAS** es la parte irónica del libro, una especie de compilación de las ocurrencias e incongruencias, a veces llevadas hasta el absurdo, de muchas de las medidas tomadas por las distintas comunidades autónomas.

El cuarto capítulo se adentra en las PCR**s, POSITIVOS Y ASINTOMÁTICOS** y trata de dar luz a la confusión de las miles de pruebas que se están haciendo y los resultados que se están obteniendo.

El último capítulo, **DOS MESES DESPUÉS**, es el capítulo científico de datos, el desarrollo de la situación de la enfermedad durante estos dos meses. Es un capítulo que solo a través de los datos, denuncia el sesgo informativo dado por lo medios de comunicación durante este periodo. Para ellos, una recomendación, **lápiz, papel y calculadora.**

"Cuando todos piensan igual, es que ninguno está pensando", Walter Lippmann (1889), ganador de dos premios Pulitzer.

Joaquín Roldán Morcillo

1 ¿EXPERIMENTO SOCIAL?

El 13 de Julio de 2020, publicaba un primer artículo bajo el título **¿Experimento Social?**

¿EXPERIMENTO SOCIAL?

13/07/2020

El pasado 13 de junio publicamos el libro **"102 años después"**, clave en datos y algoritmos para entender la pandemia de la COV!D-I9 y cómo a través de la construcción de modelos y proyecciones ayudamos a gestionarla en un conjunto de hospitales de la provincia de Huesca. Aprovecho el artículo para dar las gracias a todas las personas que se han puesto en contacto con nosotros para felicitarnos por el trabajo realizado.

Portada "102 años después"

En las muchas conversaciones que estamos teniendo estos días, en relación con dichos trabajos, con personas de distinta índole: políticos, periodistas, profesionales, deportistas... está apareciendo la expresión "Experimento Social". Muchas de estas personas, inconexas entre sí, nos trasladan la sensación de encontrarse dentro de un "Experimento Social". No son capaces de entender lo que está pasando.

V for Vendetta, es una adaptación al cine de la novela gráfica V for Vendetta escrita por Alan Moore e ilustrada por David Lloyd. La película fue dirigida por el australiano James McTeigue e interpretada por Natalie Portman en el papel de Evey Hammond y Hugo Weaving como V.

La película que data del año 2006, resulta visionaria desde el prisma en el que nos encontramos en la actualidad. Muchos de los elementos, actitudes,

Cartel de la película

sensaciones (miedo), punto de partida (virus) que aparecen en este film, los tenemos presentes hoy en día.

De "coronavirus" o "COV!D-I9" como palabras repetitivas y

permanentes durante el estado de alarma hemos pasado a "rebrote" como palabra estrella. Enciendas la televisión a la hora que la enciendas, pongas la radio o leas un digital, "rebrote", una y otra vez, "rebrote".

Hemos querido analizar los datos de los últimos 14 días de "rebrotes" y compararlos con los datos del periodo crítico de la pandemia (desde el inicio de la misma hasta el 24 de mayo cuando todas las comunidades estuvieron en fase 1)

	Periodo 27/06/2020-10/07/2020	Periodo Inicio Pandemia hasta 24/05/2020
Casos Diagnosticados	5.396	235.772
Hospitalizaciones	297	124.845
Ingresos en UCI	21	11.477
Positivos para una Hospitalización	18,17	1,89
Positivos para un Ingreso en UCI	256,95	20,54
% Hospitalización	5,50	52,95
% UCI	0,39	4,87
Hospitalizaciones. Ratio Periodos	9,62	
Ingreso en UCI. Ratio Periodos	12,51	

Tabla de Datos periodos comparados. Elaboración propia. Fuente Ministerio de Sanidad

- En el periodo inserto en el estado de alarma, por cada 1,89 positivos o casos confirmados, se producía una hospitalización; es decir un 52,95% de los positivos necesitaron hospitalización. En los últimos 14 días del periodo que podríamos denominar de "rebrotes", por cada 18,17 positivos o casos confirmados se está produciendo una hospitalización, es decir un 5,50% de los casos confirmados están siendo hospitalizados.

En el aspecto de hospitalizaciones, en este periodo de

"rebrotes", **se están produciendo 9,62 veces menos hospitalizaciones** por casos confirmados que durante el estado de alarma.

- En periodo desde el inicio de la pandemia hasta el 24 de mayo de 2020 por cada 20,54 positivos o casos confirmados se producía un ingreso en UCI, es decir un 4,87% de los casos confirmados necesitaron de ingreso en UCI. En los últimos 14 días del periodo "rebrotes", por cada 256,95 positivos o casos confirmados se está produciendo un ingreso en UCI, es decir un 0,39% de los casos confirmados están siendo ingresados en UCI.

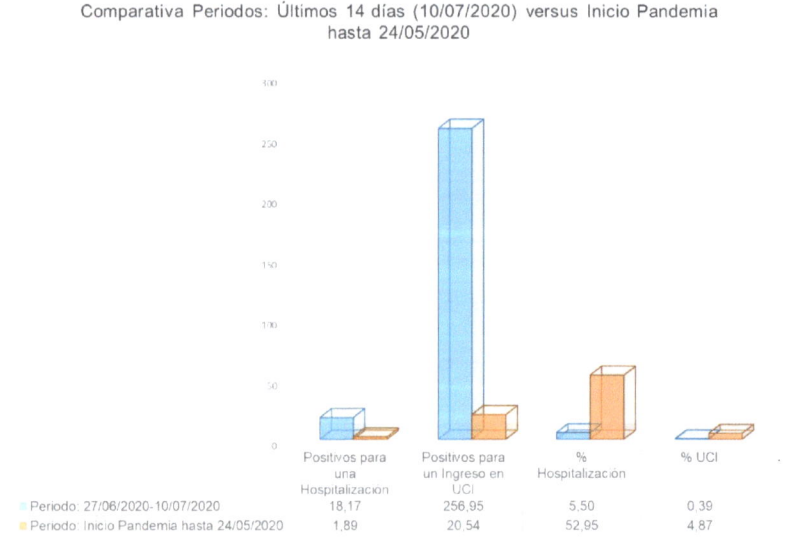

Hospitalizaciones e Ingresos en UCI en los periodos comparados. Elaboración propia

En el aspecto de ingresos en UCI, en este periodo de "rebrotes", **se están produciendo 12,51 veces menos ingresos en UCI** por casos confirmados que durante el estado de alarma.

9,62 menos hospitalizaciones, 12,51 menos ingresos en UCI

La pregunta queda en el aire, *¿Merecen estos datos, la atención mediática constante y ciertas decisiones por parte de las administraciones públicas que afectan a nuestro modo de vida, de forma tan radical?*

En el 2019, según el INE (Instituto Nacional de Estadística), fallecieron en España 417.625 personas (**1.144 muertes diarias**). Algunas de las causas que provocaron mayor número de muertes fueron:

- Tumores (cáncer), con una media de **309 muertes diarias**
- Enfermedades del sistema circulatorio (corazón principalmente), con una media de **331 muertes diarias**
- Enfermedades del sistema respiratorio, con una media de **147 muertes diarias**

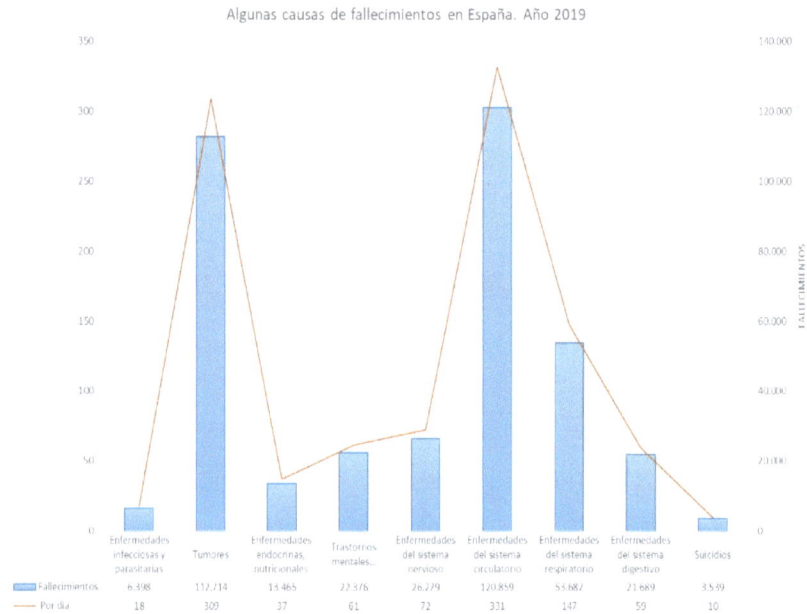

Selección de tipología de fallecimientos en España año 2019. Fuente INE. Elaboración propia

Las visualizaciones de este primer artículo, las recomendaciones y alguna felicitación que recibí por el mismo, me animaron a continuar escribiendo. Como ya mencioné en el prólogo, expongo a continuación, algunos de ellos cronológicamente redactados.

¿EXPERIMENTO SOCIAL?.
Una COV!D-I9, dos enfermedades distintas

18/07/2020

Soy, uno de los muchos que nos hicimos adictos a la mítica serie EXPEDIENTE X (The X-Files) allá por los ya lejanos años 90. Fox Mulder y Dana Scully, los agentes federales a los que daban vida David Duchovny y Gillian Anderson. La trama principal subyacente a los muchos capítulos y temporadas que nos mantuvieron sentados ante la pantalla del televisor, era la colonización de la tierra, auspiciada por los poderes establecidos, por parte de un **VIRUS** extraterrestre que se iría introdUCIendo en los seres humanos por diversos métodos, para dar lugar a un ser híbrido (humano y extraterrestre). En el primer capítulo de la cuarta temporada *Herrenvolk (raza superior)*, la agente Scully, en uno de los muchos informes que presenta a sus superiores, a lo largo de la serie, habla de la creación de un "catálogo" de personas que estarían *identificadas* por un proteína que se introduciría en los seres humanos a través de una **VACUNA** para la viruela.

Portada del capítulo Herrenvolk

"La verdad está ahí fuera"

El Mundo

"Los rebrotes de coronavirus en toda España siguen al alza. En 24 horas ha habido 628 nuevos casos, el 60% de ellos en Aragón y Cataluña"

El País

"Un juez ratifica las medidas del Govern para contener el avance del coronavirus en Barcelona"

"Los contagios repuntan hasta 628 y crecen por cuarto día consecutivo"

ABC

"Los contagios siguen al alza y Sanidad notifica 628 en las últimas 24 horas"

"Aragón supera ya los 1.000 contagios en una semana, casi 600 en Zaragoza capital"

La Razón

"Repunte de contagios por coronavirus, 628 en las últimas 24 horas y cuatro muertos"

"Se trata de la mayor cifra de contagios desde que finalizó el estado de alarma, el pasado 21 de junio"

La Vanguardia

"Ya son 160 los brotes en toda España, sobre todo vinculados a celebraciones"

"En tan solo un día se registraron 628 infecciones en el que es el peor dato desde el 10 de mayo"

Estos son algunos de los titulares que ayer, día 17, se podían leer en los digitales de estas publicaciones.

Es la verdad, esta información tan superficial es verdad, no están dando datos falsos ni manipulados, pero tan superficial que lo que genera en el lector, después de 4 meses de pandemia, es miedo, ansiedad, intranquilidad, retraimiento y hasta deseos de un nuevo confinamiento.

Como se decía en Expediente X, "la verdad está ahí fuera", vamos a ver si la encontramos.

16 de marzo de 2020, 1 día después de la entrada en vigor del Estado de Alarma y acumulados desde el inicio de la pandemia:

- **9.191 contagios**, 3.400 hospitalizados en planta por la COV!D-I9, 432 ingresos en UCIs y 309 fallecimientos.

17 de julio de 2020, estamos en el periodo de "rebrotes". En

los últimos 14 días se han producido los siguientes datos:

- **9.234 contagios**, 384 hospitalizados en planta por la COV!D-I9, 26 ingresos en UCIs y 20 fallecimientos.

La COV!D-I9 es la causante del conjunto de datos en los dos periodos de tiempo analizados, pero los datos, **la verdad de los datos,** dibujan *dos enfermedades totalmente distintas*.

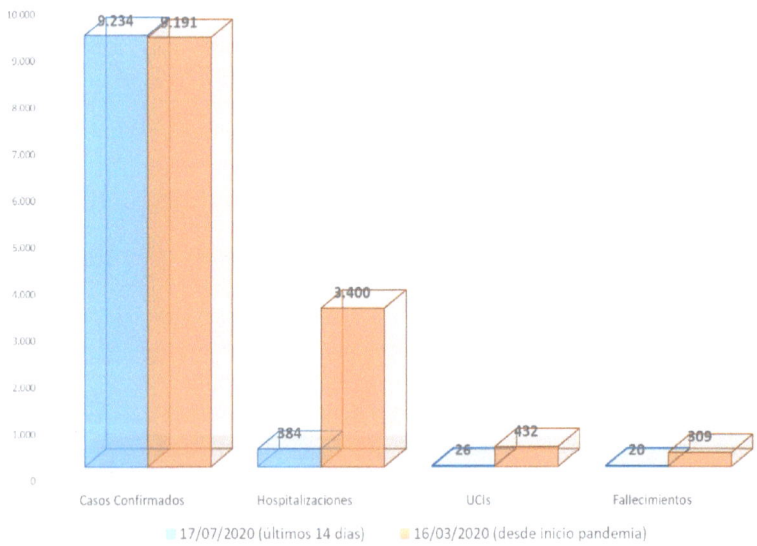

Fase pandémica versus fase rebrotes. Comparativa de la Incidencia Sanitaria con número similar de contagios. Elaboración propia

Para un nivel de casos confirmados similares, el nivel de hospitalizaciones, UCIs y fallecimientos no tiene nada que ver.

	17/07/2020 (Ult. 14 días)	16/03/2020 (desde inicio pandemia)
Casos confirmados para una Hospitalización	24,05	2,70
Casos para un ingreso en UCI	355,15	21,28
% Hospitalizaciones	4,16	36,99
% Ingresos en UCIs	0,28	4,70
Letalidad	0,22	3,36

En estos dos periodos que podríamos denominar de inicio de fase (pandemia y rebrotes), nos encontramos que:

- En el periodo actual de rebrotes, una hospitalización se produce por cada 24,05 casos confirmados, en la fase inicial de la pandemia se producía una hospitalización por cada 2,70 casos confirmados. El porcentaje actual de hospitalizaciones es del 4,16% frente al 36,99% del inicio de la fase pandémica.
- En el periodo actual de rebrotes, un ingreso en UCI se produce por cada 355,15 casos confirmados, en la fase inicial de la pandemia se producía un ingreso en UCI por cada 21,28 casos confirmados. El porcentaje actual de ingresos en UCIs es del 0,28% frente al 4,70% del inicio de la fase pandémica.
- La letalidad en el periodo actual de rebrotes es del 0,22% frente al 3,36% del inicio de la fase pandémica.

8,90 veces menos hospitalizaciones, 16,78 veces menos ingresos en UCIs, 15,27 veces menos fallecimientos.

Seguro que es COV!D-l9, pero a nivel de datos, trabajados en fases iniciales de ambas etapas, representan a dos situaciones, radicalmente distintas. Vuelvo a dejar una pregunta en el aire: Ante situaciones totalmente distintas, ¿no deberían, las administraciones y los medios de comunicación, explicar la situación real, dejar de generar miedo y culpabilidad entre los ciudadanos y tomar medidas acorde a la situación actual?

Enfermamos y fallecemos todos los días por múltiples causas

¿EXPERIMENTO SOCIAL?.

La fase de "rebrotes", un 95% MENOS dañina que la fase pandémica

21/07/2020

Ayer se publicó la actualización de datos de la COV!D-I9 por parte del Ministerio de Sanidad. Continuamos con un "bombardeo" constante, fundamentalmente en las televisiónes, de los rebrotes, de los nuevos positivos, de lo mal que estamos, de la inconsciencia de nuestros jóvenes, de la vuelta a confinamientos, etc, etc, etc. Miedo y más miedo.

Vamos a ver la evolución de la fase pandémica y esta nueva fase de rebrotes.

Analizamos los primeros 9.000 y 13.000 casos confirmados en ambas fases para ver el desarrollo de cada una de ellas y si está justificado de algún modo el alarmismo actual:

Fecha	Casos Confirmados	Hospitalizaciones	UCIs	Fallecimientos
16/03/2020 (desde inicio pandemia)	9.191	3.400	432	309
18/03/2020 (desde inicio pandemia)	13.716	6.030	774	590
17/07/2020 (ult. 14 días)	9.234	384	26	20
20/07/2020 (ult.14 días)	12.879	402	26	17

16 de marzo de 2020, 1 día después de la entrada en vigor

del estado de alarma y acumulados desde el inicio de la pandemia:

- 9.191 contagios, 3.400 hospitalizados en planta por la COV!D-I9, 432 ingresos en UCIs y 309 fallecimientos.

17 de julio de 2020, estamos en el periodo de "rebrotes". En los últimos 14 días se han producido los siguientes datos:

- 9.234 contagios, 384 hospitalizados en planta por la COV!D-I9, 26 ingresos en UCIs y 20 fallecimientos.

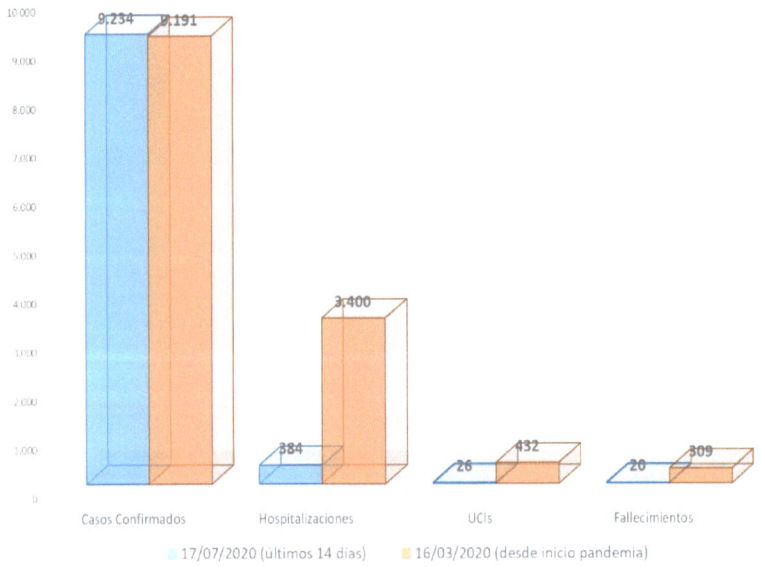

Comportamiento fase pandémica y rebrotes con 9.000 casos. Elaboración propia

Para un nivel de casos confirmados similares (alrededor de 9.000), el nivel de hospitalizaciones, UCIs y fallecimientos no tiene nada que ver.

	20/07/2020 (Ult. 14 días)	18/03/2020 (desde inicio pandemia)	17/07/2020	16/03/2020
Casos confirmados para una Hospitalización	32,04	2,27	24,05	2,70
Casos para un ingreso en UCI	495,35	17,72	355,15	21,28
% Hospitalizaciones	3,12	43,96	4,16	36,99
% Ingresos en UCIs	0,20	5,64	0,28	4,70
Letalidad	0,13	4,36	0,22	3,36

En el escenario de los 9.000 positivos al inicio de la fase pandémica y fase de rebrotes, nos encontramos que:

- En el periodo actual de rebrotes, una hospitalización se produce por cada 24,05 casos confirmados, en la fase inicial de la pandemia se producía una hospitalización por cada 2,70 casos confirmados. El porcentaje actual de hospitalizaciones es del 4,16% frente al 36,99% del inicio de la fase pandémica.

- En el periodo actual de rebrotes, un ingreso en UCI se produce por cada 355,15 casos confirmados, en la fase inicial de la pandemia se producía un ingreso en UCI por cada 21,28 casos confirmados. El porcentaje actual de ingresos en UCIs es del 0,28% frente al 4,70% del inicio de la fase pandémica.

- La letalidad en el periodo actual de rebrotes es del 0,22% frente al 3,36% del inicio de la fase pandémica.

8,90 veces menos hospitalizaciones, 16,78 veces menos ingresos en UCIs, 15,27 veces menos fallecimientos.

En el escenario de los 13.000 positivos al inicio de la fase pandémica y fase de rebrotes, nos encontramos que:

- En el periodo actual de rebrotes, una hospitalización se produce por cada 32,04 casos confirmados, en la fase inicial de la pandemia se producía una hospitalización por cada 2,27 casos confirmados. El porcentaje actual de hospitalizaciones es del 3,12% frente al 43,98% del inicio de la fase pandémica.
- En el periodo actual de rebrotes, un ingreso en UCI se produce por cada 495,35 casos confirmados, en la fase inicial de la pandemia se producía un ingreso en UCI por cada 17,72 casos confirmados. El porcentaje actual de ingresos en UCIs es del 0,20% frente al 5,64% del inicio de la fase pandémica.

- La letalidad en el periodo actual de rebrotes es del 0,13% frente al 4,36% del inicio de la fase pandémica.

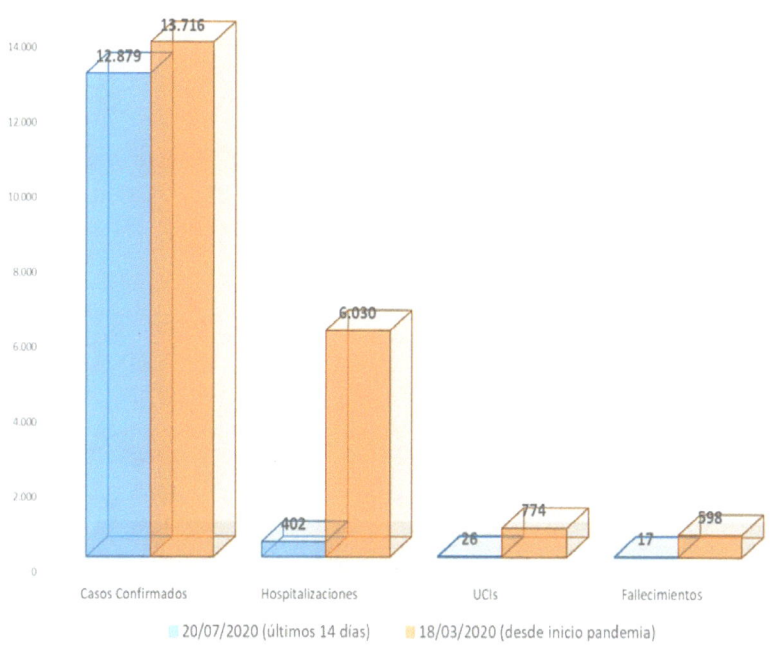

Comportamiento fase pandémica y rebrotes con 13.000 casos. Elaboración propia

Expresado en porcentajes, en esta fase de "rebrotes" **un 93,33% menos de hospitalizaciones, un 96,64% menos de ingresos en UCIs y un 97,16% menos de fallecimientos** que en la fase pandémica.

*LA FASE DE "REBROTES", en el escenario de los 13.000 casos confirmados tiene una incidencia en hospitalizaciones, ingresos, UCIs y fallecimientos **UN 95,71% MENOS** de media que LA FASE PANDÉMICA.*

¿Alarmismo?

Además, hay una tendencia de separación continuada en ambas fases, conforme crece el número de casos confirmados.

	Hospitalizaciones	UCIs	Fallecimientos
% Diferencial 18/03-20/07 (13.000 casos confirmados)	-93,33	-96,64	-97,16
% Diferencial 16/03-17/07 (9.000 casos confirmados)	-88,71	-93,98	-93,53

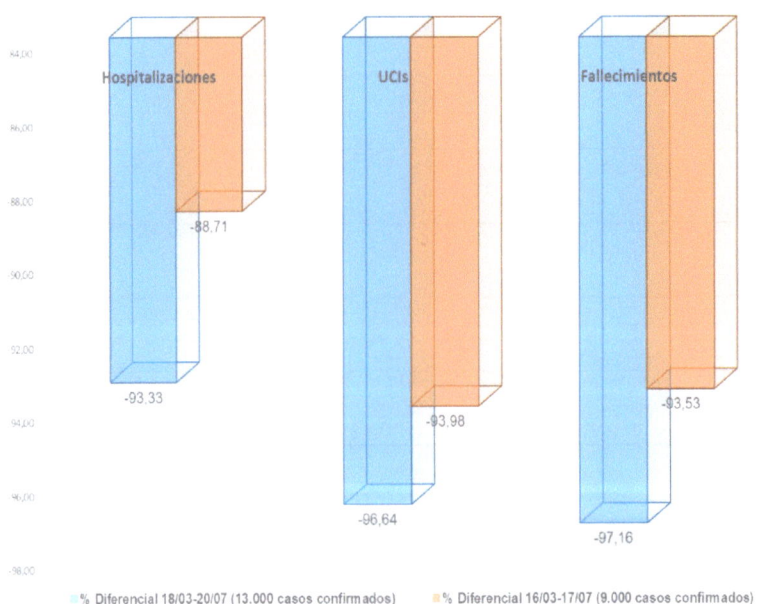

Diferencial comportamiento fase en incidencia sanitaria. Elaboración propia

Si tenemos en cuenta que de los 333 casos confirmados el último día, por ejemplo en Aragón, 303, es decir un **90,99%** son asintomáticos, quizás encontremos la explicación.

¿EXPERIMENTO SOCIAL?.

Contagios sin daños. Decisiones sin soporte de datos. Enfermos sin síntomas. ¿Una Explicación?

24/07/2020

Hoy tenemos nuevos datos de la COV!D-I9 por parte del Ministerio de Sanidad. Seguimos y cada vez con mayor dureza en el mensaje, con los rebrotes y contagios en los medios de comunicación. Los jóvenes denostados por su "inconsciencia" e "irresponsabilidad", nuevas restricciones de derechos, el sector hostelero directo al precipicio, el pequeño comercio con cierres de establecimientos un día y sí y otro también, miedo y más miedo y parece que la solución está en las mascarillas… Las reflexiones las dejo para cada uno. Los datos que no son interpretables, requieren una explicación.

En los últimos 28 días de fase de "rebrotes", es decir desde el 26 de junio hasta el día de hoy, los datos que ha ofrecido el Ministerio de Sanidad, son los siguientes:

21.262 casos confirmados

778 hospitalizaciones

48 UCIs

50 fallecimientos

¿Mucho, poco, grave…?

Vamos a comparar estos datos con los 20.000 primeros casos confirmados en la fase pandémica, a los que llegamos el 20 de marzo de 2020, para ser exactos 19.980 casos confirmados en esa fecha.

Fecha	Casos confirmados	Hospitalizaciones	UCIs	Fallecimientos
23/07/2020 (últimos 28 días)	21.262	778	48	50
20/03/2020	19.980	10.580	1.141	1.002

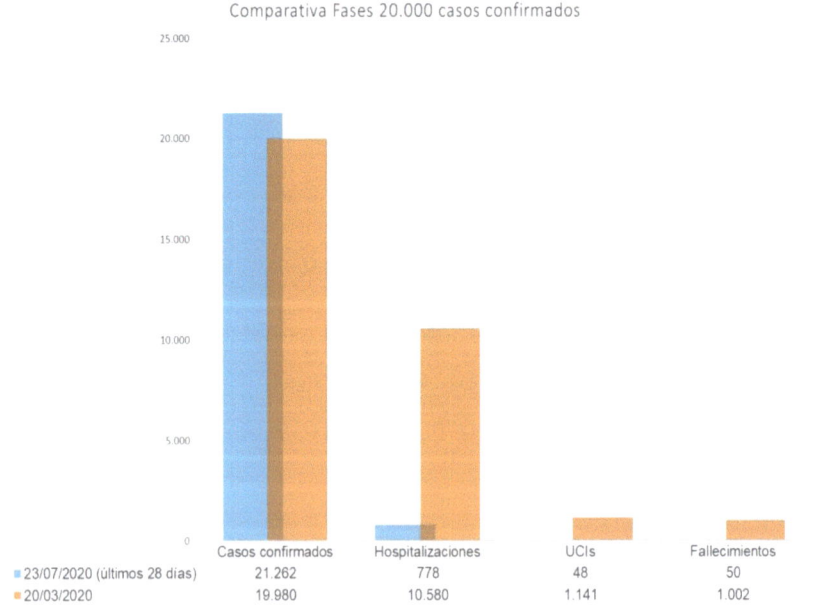

Comportamiento fase pandémica y rebrotes con 20.000 casos. Elaboración propia

Para niveles de contagios similares, las diferencias, como decíamos en nuestra última publicación, son abismales, vamos a volver a medir estas diferencias:

	23/07/2020 (Ult. 28 días)	20/03/2020
Casos confirmados para una Hospitalización	27,33	1,89
Casos confirmados para un ingreso en UCI	442,96	17,51
% Hospitalizaciones	3,66	52,95
% Ingresos en UCIs	0,23	5,71
Letalidad	0,24	5,02

Si llevamos a porcentajes de diferencia las hospitalizaciones, ingreso en UCIs y fallecimientos, nos encontramos con:

94,14% menos de hospitalizaciones

97,20% menos de ingresos en UCIs

96,23% menos de fallecimientos

Si aunamos estos tres valores, un 95,80% menos daño han provocado los 20.000 contagios de la fase "rebrotes" que los 20.000 primeros contagios de la fase pandémica. Un 95,80% menos.

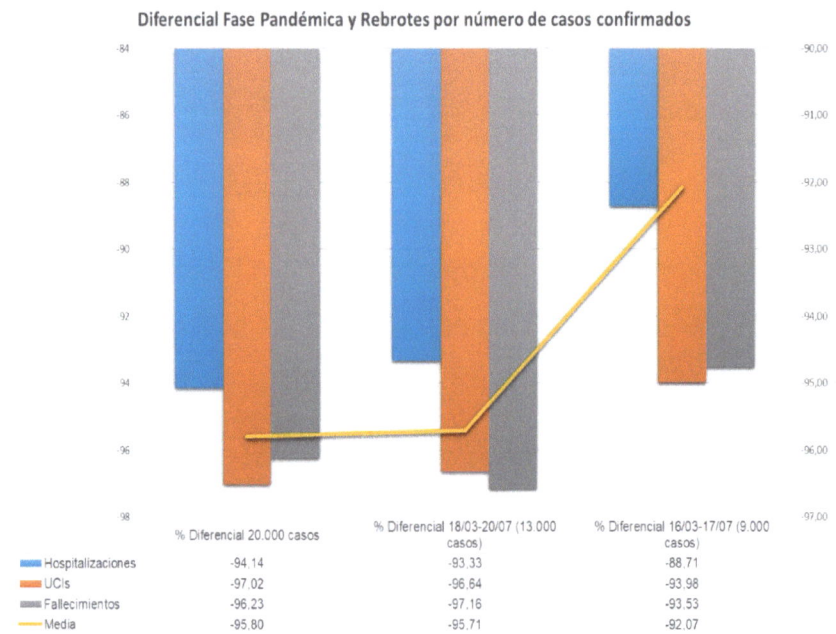

Evolución comportamiento fase pandémica y rebrotes con diferentes números de casos. Elaboración propia

Cualquier muerte es una tragedia, y hemos vivido muchas durante la fase pandémica. 50 fallecimientos en 28 días en esta fase de rebrotes, supone una media de 1,78 decesos por día. Esto es ¿mucho, poco, grave...? Son 50 tragedias, eso no tiene discusión ninguna, pero ¿sostienen estos datos, las decisiones que nos imponen a golpe de decreto, en "aras de nuestra salud"?

El año pasado fallecieron en España 417.625 personas, 1.144 al día, que también son tragedias. Los 1,78 fallecimientos por día que se han producido en la fase de "rebrotes" por la COV!D-I9, suponen el 0,16% del total de

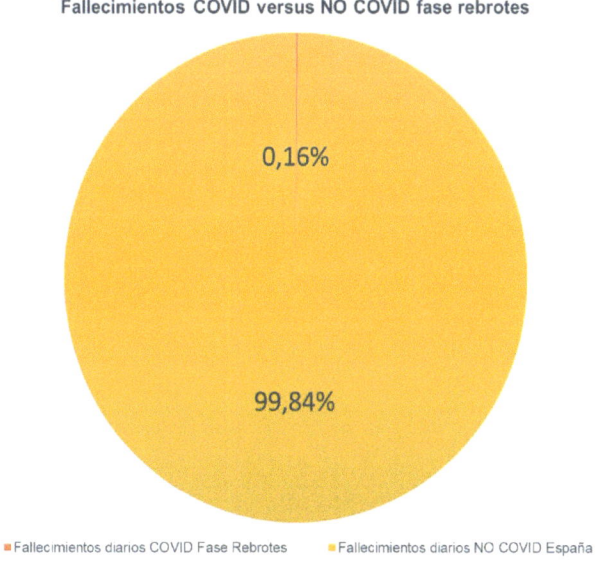

% Fallecimientos diario COV!D verus resto. Elaboración propia

fallecimientos diarios que de forma habitual se vienen produciendo en España en los últimos años, el 0,16%. Si el 0,16% de fallecimientos, deriva en el estado de alarma mediático permanente que estamos sufriendo en esta fase de rebrotes (y en las restricciones de derechos asociadas) , ¿a qué nos llevará el otro 99,84% de causas de fallecimientos al día?

Totana, población de 30.000 habitantes de la Comunidad de Murcia, ha sido cerrada, han decretado su pase a Fase 1. Los dos Centros de Salud que hay en la localidad han sido cerrados, según los medios de comunicación. Sólo se atienden casos potenciales de C0V!D. Me imagino que a nadie de Totana se le ocurrirá ponerse enfermo estos días, no pueden salir de la localidad y los dos centros de salud han sido cerrados.

Quiero acabar con una reflexión sobre dos conceptos relacionados con la situación en la que estamos viviendo:

La preocupación

"La preocupación como afrontamiento de los problemas dentro de la normalidad está asociada a creencias de que es positivo preocuparse, puesto que colabora en la solución." Dr. José Antonio García Higuera

La etimología de la palabra preocupación hace referencia a "ocupación previa o anticipada", "ocuparse antes de que una situación suceda"

La preocupación por la "nueva onda pandémica que vendrá en otoño, quizá en septiembre" (medios dixit) se ha extendido de tal forma que ya hay verdaderos problemas de ansiedad en gran parte de la población.

Mindfulness, el aquí y el ahora, ya vivimos el pasado, no podemos vivir el futuro, centrémonos en el presente.

Enfermedad y enfermo

La definición de enfermedad según la Organización Mundial de la Salud (OMS), es la de "Alteración o desviación del estado fisiológico en una o varias partes del cuerpo, por causas en general conocidas, manifestada por síntomas y signos característicos, y cuya evolución es más o menos previsible".

Enfermo es aquella persona que presenta una enfermedad.

Más del 70% de los casos confirmados en esta fase de rebrotes son asintomáticos. Atendiendo la definición dada por la OMS, no tienen enfermedad alguna, no son enfermos, ¿qué son? ¿cambiamos la definición de enfermedad?

¿EXPERIMENTO SOCIAL?.

Rebrotes en las Comunidades Autónomas. A un mundo de distancia de la fase pandémica.

30/07/2020

No hay tregua en los medios de comunicación con los "rebrotes". Las consecuencias las estamos ya pagando todos. Países de la UE como Alemania, Bélgica, Holanda cuyos residentes inundaban nuestro país como turistas, recomiendan no viajar a determinadas partes de España o como el Reino Unido, para cuyos habitantes, España era el primer destino turístico todos los años, directamente cortocircuita la llegada de británicos, al poner obligatoria una cuarentena a todos los ciudadanos que lleguen a Gran Bretaña procedentes de España. 300.000 cancelaciones de reservas en Benidorm en los últimos días, destinos como Baleares o Canarias, semivacíos, pero en España a tenor de lo que se ve en televisión, "casi mejor" que no vengan turistas, todo el mundo feliz con las mascarillas y resignados a un nuevo confinamiento que "todo el mundo dice" vendrá en Septiembre u Octubre. Los presidentes autonómicos, por su parte, a ver quién "la hace más gorda", a ver quién es el más *super_super_estricto*, el que más derechos cercena o el que tiene la ocurrencia más… eso sí, todo en "aras de nuestra salud".

Seguimos comparando la evolución de la fase pandémica con la fase rebrotes. **El 23 de marzo de 2020**, 28 días después del primer positivo en nuestro país, España contaba ya **con 33.089 casos confirmados**. **El 29 de julio de 2020 y en los últimos 28 días**, el Ministerio de Sanidad había registrado **30.899 positivos**. Cifras parecidas en número de días iguales (28).

Ponemos a continuación en contraste, por Comunidad Autónoma, los datos de uno y otro periodo respecto a hospitalizaciones, ingresos en UCIs y fallecimientos.

	HOSPITALIZACIONES		INGRESOS EN UCIs		FALLECIMIENTOS	
	29-jul	23-mar	29-jul	23-mar	29-jul	23-mar
Andalucía	94	865	7	77	1	58
Aragón	254	298	5	52	1	32
Asturias	3	194	0	22	0	12
Baleares	11	87	2	27	0	10
Canarias	16	172	2	32	0	11
Cantabria	5	157	1	14	0	6
Castilla La Mancha	67	1.547	1	142	3	145
Castilla y León	52	860	4	120	8	102
Cataluña	103	1.681	8	551	8	245
Ceuta	1	0	0	0	0	0
Comunidad Valenciana	85	702	3	138	2	94
Extremadura	16	131	6	13	0	18
Galicia	29	270	3	47	0	18
Madrid	204	9.561	5	942	11	1.263
Melilla	0	12	0	1	0	0
Murcia	24	80	3	23	0	2
Navarra	32	339	0	40	1	24
País Vasco	170	1.252	0	92	1	120
La Rioja	5	166	0	22	0	22
	1.171	18.374	50	2.355	36	2.182

Las diferencias en todas las comunidades autónomas y para los tres parámetros analizados son tan radicalmente grandes (exceptuando las hospitalizaciones en la Comunidad de Aragón), que como decíamos en artículos anteriores o no estamos hablando de la misma enfermedad o tenemos que preguntarnos si los positivos actuales, la mayor parte de ellos asintomáticos, son realmente positivos.

Obviamente, los datos globales también expresan una diferencia exagerada:

- 1.171 hospitalizaciones en el periodo rebrotes frente a 18.374 en la fase pandémica
- 50 ingresos en UCI frente a los 2.355 de la fase pandémica
- 36 fallecimientos frente a los 2.182 en la fase pandémica

Llevando esta información a diferencias porcentuales:

	Hospitalizaciones	UCIs	Fallecimientos	Promedio
Andalucía	-89,13	-90,91	-98,28	-92,77
Aragón	-14,77	-90,38	-96,88	-67,34
Asturias	-98,45	-100,00	-100,00	-99,48
Baleares	-87,36	-92,59	-100,00	-93,32
Canarias	-90,70	-93,75	-100,00	-94,82
Cantabria	-96,82	-92,86	-100,00	-96,56
Castilla La Mancha	-95,67	-99,30	-97,93	-97,63
Castilla y León	-93,95	-96,67	-92,16	-94,26
Cataluña	-93,87	-98,55	-96,73	-96,39
Ceuta				
Comunidad Valenciana	-87,89	-97,83	-97,87	-94,53
Extremadura	-87,79	-53,85	-100,00	-80,54
Galicia	-89,26	-93,62	-100,00	-94,29
Madrid	-97,87	-99,47	-99,13	-98,82
Melilla	-100,00	-100,00		-100,00
Murcia	-70,00	-86,96	-100,00	-85,65
Navarra	-90,56	-100,00	-95,83	-95,46
País Vasco	-86,42	-100,00	-99,17	-95,20
La Rioja	-96,99	-100,00	-100,00	-99,00
Global España	-93,63	-97,88	-98,35	-96,62

En todas las CCAA, excepto Aragón, Murcia y Extremadura, el diferencial promedio está por **encima del 90%.** El global de España nos dice que las incidencias en la fase de rebrotes son casi **un 97% menos que en la fase pandémica**. Incluso Aragón que se ve lastrado por el número de hospitalizaciones, similar en ambas fases (que no, ni en UCIs ni en fallecimientos) el diferencial se sitúa en el 67,34%.

Uno se pregunta porqué hay restricciones y uso obligatorio de mascarillas en casi cualquier situación, en comunidades como Asturias, Baleares, Canarias, Cantabria, Extremadura o La Rioja donde los datos de hospitalizaciones, UCIs o fallecimientos **son ínfimos**, tan ínfimos que la COV!D-I9, ni siquiera está entre las 10 primeras causas de hospitalización, ingreso en UCI y por supuesto fallecimientos.

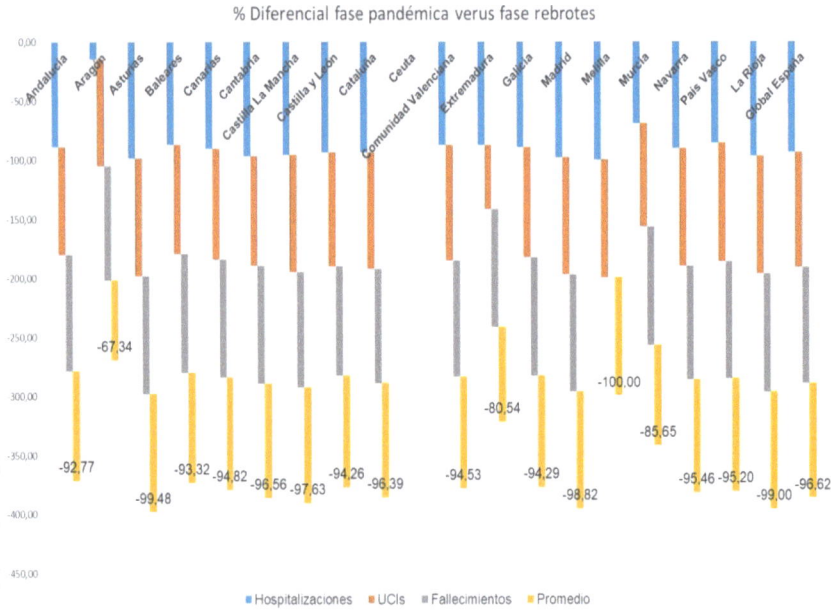

Diferencial fases pandémica y rebrotes. Fuente de datos: Ministerio de Sanidad. Elaboración propia

Como ponemos en "cuarentena" los positivos, al darse un número tan desorbitado de asintomáticos (estiman que cercano al 70%), vamos a ver qué nos dicen las incidencias de estos últimos 28 días (hasta el 29/07/2020):

- 1.171 hospitalizaciones
- 50 ingresos en UCIs
- 36 fallecimientos

Lo que representa una media diaria de 41,82 hospitalizaciones en planta, 1,79 ingresos en UCI y 1,29 fallecimientos.

Hospitalizaciones

España cuenta en conjunto con unas 158.000 camas y se producen alrededor de unos 5.500.000 de ingresos hospitalarios al año (Fuente: INE). Esto significa que alrededor de 15.000 hospitalizaciones se producen cada día en España.

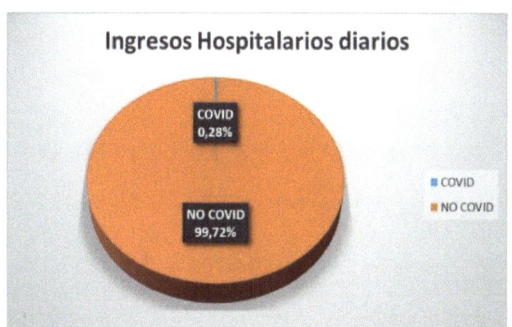

Las hospitalizaciones C0V!D en esta fase de rebrotes suponen el **0,28% del total de ingresos hospitalarios diarios.**

Si todos los pacientes C0V!D hospitalizados en estos 28 días (1.171) estuvieran todavía hospitalizados estarían ocupando tan solo **el 0,74% del total de camas disponibles en España**.

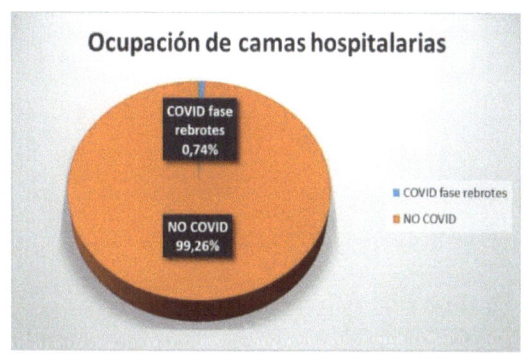

UCIs

España contaba antes de la pandemia con alrededor de unas 6.000 camas UCIs entre la Sanidad Pública y Privada. Aun sabiendo que durante estos últimos meses el número de UCIs se ha incrementado, si tomamos estas 6.000 UCIs como referencia, las 36 UCIs ocupadas por pacientes C0V!D en estos últimos 28 días representan un 0,60% del total UCIs disponibles.

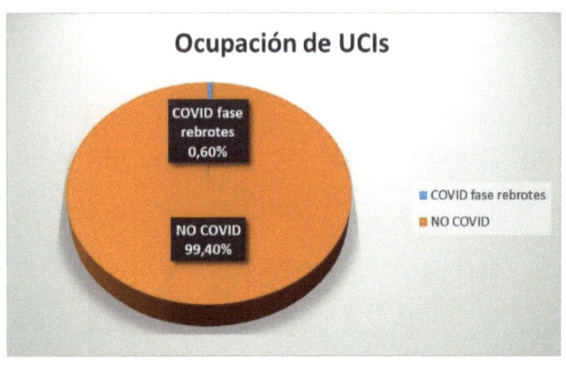

Fallecimientos

La media diaria de fallecidos en España el año 2019 fue de 1.144. Los 1,29 fallecimientos C0V!D al día de media en esta fase de rebrotes, representan el 0,11% de los fallecidos que un día cualquiera pueden darse en nuestro país, **el 0,11%.**

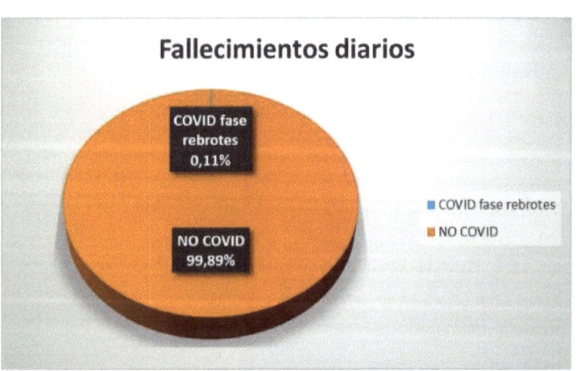

Los datos de la COVID-19, hoy en la fase de rebrotes

0,28% de la media de hospitalizaciones diarias

0,74% de la ocupación del total de camas

0,60% de la ocupación del total de UCIs

0,11% de la media de fallecimientos diarios

Hoy Fernando Simón decía: "Si estamos en una segunda ola no lo parece". Sin que sirva de precedente, opino lo mismo que él. En realidad estos datos, hoy, no justifican la mayor parte de las medidas tomadas en "aras de nuestra salud", básicamente porque si las justificaran, cualquier situación derivada de cualquier otra enfermedad, justificaría decisiones parecidas.

¿EXPERIMENTO SOCIAL?.

Evolución Global fase de rebrotes y Andalucía en particular. Tendencia a 0 en la incidencia sanitaria de la COV!D-I9.

04/08/2020

Aunque parece que con la salida de España del rey emérito, Juan Carlos I, llevamos un par de días donde los "rebrotes" no copan el 80% de los mensajes televisivos, en los medios siguen apareciendo noticias que recogen actuaciones tan alarmistas que ya rayan la indecencia. Hoy el consejero portavoz de la Junta de Andalucía, trasladaba a los medios la última "ocurrencia" del gobierno andaluz, que seguro que todo el sector turístico de esa comunidad se lo agradecerá en los próximos meses, cuando hayan tenido que cerrar una gran parte de los establecimientos. La ocurrencia, **es poner multas**, idea innovadora, ¿verdad? Multas en función del número de personas que alguna persona física o jurídica pueda poner en "riesgo". Que puedes poner en riesgo hasta 15 personas, de 100 a 300 euros de multa, que puedes poner en riesgo de 15 a 100 personas hasta 60.000 euros de multa, que son más de 100 personas, hasta 600.000 euros. Es la misma Junta que estableció un sudoku de uso de mascarillas dentro de la playa.

La realidad, hoy, 4 de agosto en Andalucía, es que hay 81 hospitalizados en el total de las 8 provincias de la Comunidad y 10 ingresados en UCIs por la COV!D-I9. En los últimos 14 días, según los datos del Ministerio de Sanidad ha fallecido 1 persona.

81 hospitalizados, 10 UCIs y 1 fallecimiento en los últimos 14 días. Por poner un ejemplo de una provincia como Sevilla; 5 hospitalizados y 1 ingreso en UCI.

El año pasado, en Andalucía se produjeron alrededor de unos 900.000 ingresos hospitalarios, una media aproximada de unos 2.465 ingresos hospitalarios diarios. 81 hospitalizados en las últimas 6 semanas, representan alrededor de 2 hospitalizados de media al día, 2 frente a 2.465, un 0,08%. Las 10 UCIs representan aproximadamente un 0,65% del total de UCIs con las que cuenta Andalucía.

Si hablamos de los fallecimientos, y siempre digo lo mismo, que cualquier fallecimiento merece todos los respectos a la familia del que nos deja, los datos ya son esperpénticos. 1 fallecimiento en los últimos 14 días. La media diaria de fallecimientos en Andalucía ronda los 200. En 14 días fallecen en Andalucía por múltiples causas, alrededor de 2.800 personas. El fallecimiento por la COV!D-I9 en 14 días, representa un 0,03% del total de fallecimientos, 1 de 2.800.

La COV!D-I9, hoy en Andalucía

0,08% de hospitalizaciones

0,65% de ocupación de UCIs

0,03% del total de fallecimientos

De hecho, la COV!D-I9, no aparece ni entre las 20 primeras causas de incidencias sanitarias (hospitalizaciones + UCIs + fallecimientos) en Andalucía.

Objetivamente:

- Andalucía, incluso aunque ya existiera una vacuna o remedio para "combartir" la COV!D-I9, **difícilmente bajará estos ratios**, quizá alguna UCI, pero ni hospitalizaciones ni fallecimientos que ya están en un nivel próximo al 0.
- Estos datos NO JUSTIFICAN ninguna de las medidas que ya hay en vigor, ni las que las ocurrencias de los

que gobiernan la Junta de Andalucía puedan aprobar. Los positivos, con el alto porcentaje de asintomáticos (más del 70%) y los falsos positivos provocados por el margen de error de los test, es un dato que carece como valor de indicador de la situación de la COV!D-19 en esa región y en general, en esta fase de rebrotes, en España.

Si destinaran recursos a difundir esta situación, que es la situación real de la COV!D-19 en Andalucía, en vez de dedicar recursos a cercenar libertades individuales y empresariales, quizá los andaluces a nivel personal y su conjunto empresarial se lo agradecerían.

¿Y España, a nivel global?

En los últimos 14 días:

33.579 casos confirmados

1.021 hospitalizaciones

62 UCIs

43 fallecimientos

Sobre casos confirmados:

- 3,04% de hospitalizaciones (en fase pandémica el 52% aproximadamente)
- 0,18% de UCIs (en fase pandémica, el 5% aproximadamente)
- 0,13% de fallecimientos (en fase pandémica, el 11% aproximadamente)

Sobre los datos globales de hospitalizaciones, UCIs y fallecimientos en España:

- 73 hospitalizaciones de media diaria, frente a los 15.000 ingresos hospitalarios de media diarios (año 2019) en el conjunto de España: 0,49%
- 62 UCIs ocupadas frente a las 6.000 aproximadas del conjunto de España: 1,03%
- 3 fallecimientos diarios en estos últimos 14 días, frente a los 1.200 aproximados diarios que se producen en España por diversas causas: 0,25%

La COVID-19, hoy en España, representa el

0,49% de hospitalizaciones

1,03% de ocupación de UCIs

0,25% del total de fallecimientos

Hablamos que comunidades como Andalucía, Baleares, Canarias, Cantabria, Asturias, Extremadura o la Comunidad Valenciana, se encuentran en unos niveles de incidencia sanitaria, que no van a descender ni con remedios o vacunas, porque son ya muy, muy bajos.

2 EL PODER

La palabra poder tiene su origen en el verbo latino **potere**, nacido a su vez de la expresión **pote est** ("puede ser" o "es posible"), de donde viene nuestro verbo poder "ser capaz de algo". Poder en modo sustantivo sería *la capacidad de algo o alguien de hacer otra cosa posible.*

Tener poder, es decir *ser poderoso*, significa tener la capacidad y los recursos de hacer que determinadas cosas ocurran.

La idea de poder se vincula con el de autoridad. De hecho, llamamos "autoridades" a quienes, de forma directa o indirecta, otorgamos el poder o la conducción de la sociedad donde vivimos. Este otorgamiento es el que les permite tomar decisiones en nombre de todos.

Para French y Raven (1959), psicólogos sociales, el poder

"es la capacidad de una persona de ejercer influencia en otra". En base a esta definición, clasificaron las distintas formas de ejercer influencia, en 6 tipos de poder:

1. **El poder de recompensa**. Se basa en la capacidad que tiene la persona que lo ejerce de retribuir, compensar, premiar a otra persona, con el fin de obtener aquello que desea. Influenciar a personas para que modifiquen su conducta a cambio de una recompensa.

2. **El poder coercitivo**. Se ejerce a través de una amenaza o la intimidación. Pretende lograr que las personas modifiquen sus conductas o comportamientos, a través de diversos medios: físicos, sociales, emocionales o económicos. La coacción no tiene porqué ser nítida, ni la persona o personas sobre las que se ejerce, ser conscientes de ello.

3. **El poder de referencia**, también conocido como influencia. Lo ejerce una persona en base a sus rasgos personales que son percibidos por los demás como atractivos o valiosos.

4. **El poder de experto**. A diferencia del anterior, lo ejerce una persona en base a sus conocimientos, su experiencia o sus capacidades, que son percibidos por el resto de personas.

5. **El poder legítimo**. Se ejerce con el respaldo de unas normas sociales que son compartidas por el grupo. Se trata de influir en la conducta de otros en base a la autoridad otorgada por dichas normas. Es un poder formal, basado en la ley, no en la usurpación mediante la fuerza o el engaño.
6. **El poder informativo**. Se basa en la capacidad del que lo ejerce, de obtener y administrar información que puede resultar de utilidad. La persona que posee y administra esa información, puede ofrecerla o distribuirla de forma que los receptores dependan de ella e influya en sus decisiones. Un ejemplo de este tipo de poder lo encontramos, cuando los medios de comunicación proporcionan información manipulada. Tratan de influir en la conducta de la audiencia y en su toma de decisiones.

Hay que diferenciar claramente dos fases en esta época que se inició en España allá por los últimos días de febrero y primeros de marzo: la "fase pandémica" y la "fase de rebrotes".

La "fase pandémica" a nivel de datos, con carácter científico ya está recogida en el libro que publicamos en el mes de junio, **"102 años después"**.

Vamos a tartar de hacer un ejercicio de imaginación del concepto "Poder" en esta "fase de rebrotes" y como su articulación ha modificado y en algunos casos cambiado, el modo de conducirse de una gran parte de la población española.

La fase pandémica, desde el punto de vista de toma de control se dió por cerrada el 24 de mayo de 2020, cuando todas las Comunidades Autónomas se encontraron en lo que se denominó Fase 1. El estado de alarma finalizó el día 21 de junio de 2020.

Tabla 2. Casos de COVID-19 que han precisado hospitalización, ingreso en UCI y fallecidos (total y confecha de hospitalización/ingreso en UCI/fallecimiento en los últimos 7 días) por Comunidades Autónomas en España a 20.06.2020 (datos consolidados a las 14:00 horas del 21.06.2020).

CCAA	Casos que han precisado hospitalización		Casos que han ingresado en UCI		Fallecidos	
	Total	Con fecha de ingreso en los últimos 7 días	Total	Con fecha de ingreso en UCI en los últimos 7 días	Total	Con fecha de defunción en los últimos 7 días
Andalucía	6.317	5	789	0	1.426	1
Aragón	2.683	4	273	0	911	2
Asturias	1.117	0	129	0	333	1
Baleares	1.170	0	169	0	224	0
Canarias	953	2	185	1	162	0
Cantabria	1.054	1	80	0	216	0
Castilla La Mancha	9.408	9	660	0	3.022	1
Castilla y León	8.755	16	625	1	2.777	6
Cataluña	29.311	14	2.985	2	5.666	3
Ceuta	14	0	4	0	4	0
C. Valenciana	5.807	4	742	0	1.431	2
Extremadura	1.772	0	138	0	519	0
Galicia	2.935	1	336	0	619	0
Madrid	42.325	35	3.602	1	8.416	12
Melilla	45	0	3	0	2	0
Murcia	679	0	112	0	147	0
Navarra	2.044	1	136	0	528	0
País Vasco	6.994	7	578	0	1.555	1
La Rioja	1.488	0	91	0	365	0
ESPAÑA	124.871	99	11.637	5	28.323	29

Los casos confirmados no provienen de la suma de pacientes hospitalizados, curados y fallecidos, ya que no son excluyentes. Pacientes fallecidos y curados pueden haber precisado hospitalización y por tanto computar en ambos grupos. Los pacientes que han precisado UCI también computan en los pacientes que han requerido hospitalización.

Ese día, El Ministerio de Sanidad publicaba que en los últimos 7 días había habido 99 hospitalizaciones, 5 ingresos en UCI y 29 fallecimientos. Comparando este nivel de incidencia sanitaria C0V!D con la habitual en España, nos presentaba la siguiente situación:

- 14,14 hospitalizaciones diarias

- 2,07 fallecimientos diarios
- 0,71 UCIs

Esas 14,14 hospitalizaciones diarias, teniendo en cuenta que en España se producen, como ya hemos mencionado en el capítulo anterior, alrededor de unos 15.000 ingresos hospitalarios al día, representaban un 0,094% del total de hospitalizaciones diarias.

Los 2,07 fallecimientos diarios, teniendo en cuenta que en el año 2019 se produjo una media de 1.144 fallecimientos al día, representaban un 0,18% del total de fallecimientos.

Las 5 UCIs suponían una ocupación aproximada del 0,08% del total de UCIs que en esos momentos había en España.

El 21 de junio de 2020, la COV!D-I9 suponía el:

0,094% del total de hospitalizaciones diarias

0,18% de total de fallecimientos diarios

0,08% de ocupación de UCIs en esos 7 días.

Teniendo en cuenta que el 0 absoluto es imposible como incidencia sanitaria en cualquier enfermedad, podríamos decir que la COV!D-19, en esa fecha, estaba absolutamente bajo control.

Excepto la movilidad entre provincias y comunidades autónomas, España ya llevaba haciendo una vida más o menos normal semanas atrás. Con restricciones en el aforo, ya funcionaban terrazas, comercios, centros comerciales, cine y teatro, ocio nocturno con limitaciones en su funcionamiento, reuniones de hasta 20 personas… Y se había conseguido controlar la pandemia.

A partir del 21 de junio ya se iba a permitir la entrada de viajeros procedentes de diversos paises y en muchas zonas de España se abría la época de recogida de frutas y verduras, dando entrada a los llamados temporeros, también procedentes de diferentes paises. Sorprendentemente, las medidas preventivas de control sanitario para estos dos colectivos, fueron tan laxas, que el número de positivos importados contribuyó a amplificar los términos "brote" y "rebrote".

No recuerdo haber leido ni escuchado el término "rebrote" durante el desarrollo central de la pandemia, pero a partir del inicio del mes de junio, cuando el fin del estado de alarma estaba cercano, los medios de comunicación ya se van haciendo eco del término, poco a poco y la población comienza a incorporarlo a su vocabulario.

Para Sanidad, un brote es "una agrupación de tres o más casos confirmados o probables con una infección activa en los que hay un vínculo epidemiológico".

A través, principalmente, de la hemertoca de "Redacción Médica", uno de los digitales que desde mi punto de vista, mejor están recogiendo la evolución de la crisis de la COV!D-19 desde su inicio, podemos ver la penetración del término "rebrote".

3 de junio (Redacción Médica)

"Cuando haya rebrote de coronavirus, que Sanidad llame a los futbolistas"

Los sanitarios afean al ministro que tenga tiempo para reunirse con los futbolistas y no con algunos de ellos

4 de junio (Redacción Médica)

El Marañón investiga un brote entre profesionales del hospital. Los sanitarios se habrían contagiado durante un fiesta de despedida de un residente

8 de junio (Redacción Médica)

Detectan rebrotes en dos hospitales de Vitoria y Bilbao.

Salud ha comunicado que, por el momento, hay 10 afectados en el Hospital de Basurto y cuatro en el de Txagorritxu.

16 de junio (Redacción Médica)

"Hacer test a los turistas en origen no controla los brotes"

El director del CCAES recuerda que España no puede imponer PCR a los viajeros si "no lo hace Europa"

20 de junio (Marca)

Advierten de un rebrote en Granada con 10 nuevos casos positivos.

El consejero de Salud, Jesús Aguierra, ha anunciado un pequeño rebrote en Granada con 10 nuevos casos por coronavirus. "Son casos aislados y pacientes asintomáticos", han explicado. Todos los casos "están en seguimiento por su equipo de atención primaria y solo un paciente ha tenido algún factor de riesgo, mientras que los demás son asintomáticos". Aguirre, además, ha negado que se trate de un rebrote puesto que "esto se da cuando hay un volumen de personas muy superior y hay flecos que no están perfectamente delimitados".

Y ya apartir del 21 de junio con la finalización del estado de alarma, parece que se da el pistoletazo de salida y el término "rebrote" comienza a ser una constante en todos los medios de comunicación, sean de la índole que sean y cada día con mayor dedicación.

21 de junio (Redacción Médica)

Coronavirus rebrote: detectan nuevos focos de contagio en Galicia y Aragón.

Las direcciones de salud pública están rastreando a los contactos.

22 de junio (Redacción Médica)

COV!D-I9: temporeros y residencias, puntos de los 12 rebrotes identificados.

Fernando Simón ha advertido que los casos importados y los brotes son los que ponen "en jaque" a Sanidad.

23 de junio (Redacción Médica)

Aragón extiende la fase 2 a una comarca más y ya son 4 con rebrotes C0V!D: Bajo Aragón-Caspe, Cinca Medio, Bajo Cinca y La Litera de Huesca son los territorios afectados.

24 de junio (Redacción Médica)

Rebrote de COV!D-I9 en Rafelbunyol: siete casos en una empresa cárnica.

Ya se han realizado 349 pruebas PCR que se ampliarán con otras 100.

COV!D-19 rebrote: Sanidad asignará 3 niveles de riesgo a los territoriosEl Plan de Preparación y Respuesta propone "indicadores específicos" para evaluar la transmisión y la capacidad del SNS

25 de junio (Redacción Médica)

COV!D-19 rebrote: Salud Pública marca la "señal de alarma" para más medidas.

Salud Pública considera que los rebrotes producidos hasta ahora en España son los esperados.

25 de junio (AS)

A día de hoy, hay brotes activos en Barbanza (A Coruña), Vitoria, Basurto, Ono y Bilbao (Pais Vasco), zona norte de Navarra, Bajo Cinca, Cinca Medio, La Litera, Bajo Aragón-Caspe (Aragón), en un hotel y una residencia de Lleida, en un hospital de Valladolid, Navalmoral de la Mata (Extremadura), Murcia y Cartagena (Murcia), Algeciras, Granada y Málaga, en Andalucía, y en Fuerteventura, Canarias. Algunos casos son locales, otros de viajeros y otros que se han producido en centros de trabajo.

26 de junio (Redacción Médica)

Coronavirus rebrote: hospitales 'no COV!D-I9' para continuar los trasplantes.

La ONT prepara a sus profesionales sanitarios ante posibles brotes epidemiológicos adversos como el coronavirus.

27 de junio (Redacción Médica)

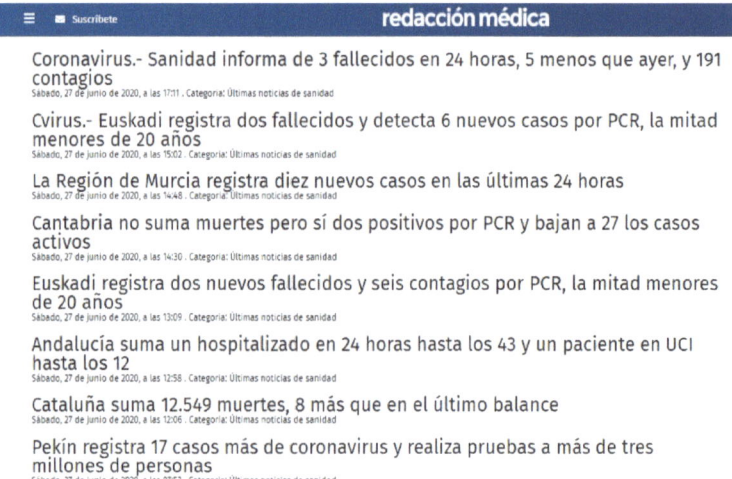

28 de junio (Redacción Médica)

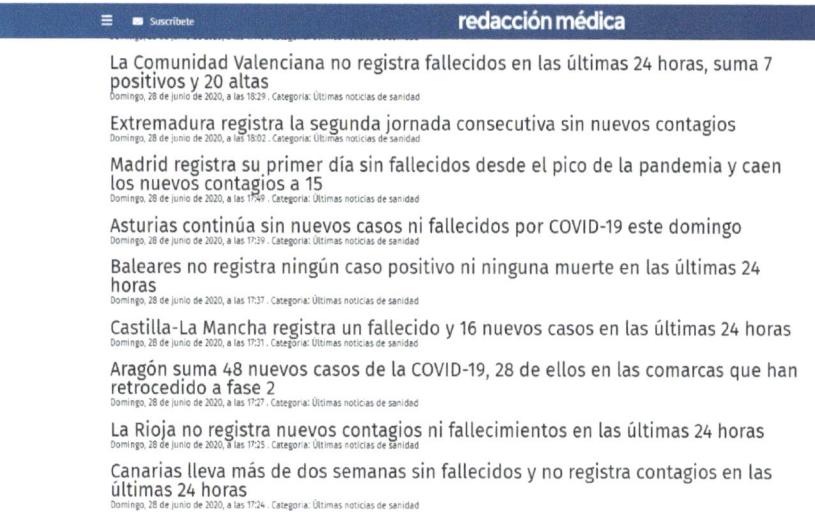

29 de junio (Redacción Médica)

Sanidad estima 51 rebrotes de COVID-19, 11 de ellos de "interés".

Simón apunta a RM, que un 5% de casos de origen desconocido en un rebrote, es un punto de partida para tomar medidas.

30 de junio (Redacción Médica)

COVID-19 rebrotes: Sanidad contabiliza 1.100 casos surgidos de nuevos focos.

Salvador Illa también ha explicado que España ha detectado 54 los casos positivos importados del 22 a 28 junio.

A partir del 1 de Julio, el volumen informativo en los principales grupos de comunicación audiovisuales, digitales y escritos en papel, va subiendo paulatinamente en todo lo relacionado con los rebrotes y los nuevos positivos, hasta alcanzar, en los telediarios de máxima audiencia, porcentajes de dedicación de más del 80% del tiempo de emisión.

La información siempre es la misma, rebrotes y positivos, positivos y rebrotes, incremento de rebrotes, incremento de positivos… con el añadido de las ocurrentes medidas que cada Comunidad Autónoma va tomando para combatir los rebrotes y los nuevos positivos y la "evolución" de las multiples vacunas que se están desarrollando.

Un día y otro día y otro día, **el día de la marmota**.

La **incidencia real sanitaria** de la enfermedad no parece importarle a ninguno de estos medios de comunicación. Nadie habla de los asintomáticos, que representan en algunos casos hasta el 85% de los nuevos positivos, de los falsos positivos, de la tipología de síntomas de los atendidos en Centros de Salud y Hospitales… nadie habla de la ocupación real de camas, de UCIs, de lo que realmente representan los nuevos fallecidos C0V!D respecto al global de decesos.

El primer artículo, con un análisis de datos destacable, que leo en este sentido, lo publica Libremercado, perteneciente al grupo Libertad Digital, el 12 de Agosto y lo firma Diego Sánchez de la Cruz,

"Los positivos suben de 12.829 a 22.995, pero las hospitalizaciones se quedan en un 3%

Aunque se disparan los "rebrotes", la presión sobre el sistema hospitalario sigue siendo baja y los ingresos UCI son puntuales".

https://www.libremercado.com/2020-08-12/los-positivos-suben-de-12829-a-22995-pero-las-hospitalizaciones-se-quedan-en-un-3-1276662363/?_ga=2.61210092.1178230699.1597419159-1325138008.1577780882

Se silencia cualquier información, opinión o dato que no vaya en la línea editorial de todos y cada uno de los medios de comunicación, que es exactamente la misma. Pero **lo más inquietante,** es la **denigración y menosprecio** profesional, que desde los medios se hacen de personas, profesionales u organizaciones, que **argumentan** su posición sobre la situación, fuera de la línea común adoptada por estos medios.

ABC, 3 de Agosto de 2020

Médicos por la verdad, la asociación negacionista del coronavirus contraria a la vacuna y al uso de la mascarilla

En el interior del artículo se recogen expresiones como:

"…Se trata de una afirmación falsa", "… una afirmación que

tambiés es falsa…" "…pero su acción no se limita a la diffusion de información falsa…", "por si fuera poco, también sostienen que …"

Tras la publicación por parte del Decano de Colegios de Biológos del País Vasco, de un artículo, en el que rechazaba con argumentos, la mayor parte de medidas que las autoridades políticas estaban tomando, a las pocas horas, diferentes medios de comunicación publicaban artículos de desprestigio personal, como por ejemplo:

El Mundo, 10 de Agosto de 2020

Críticas al informe negacionista del coronavirus del decano del Colegio de Biólogos de País Vasco

"Las reflexiones del decano del colegio de biólogos de Euskadi son un batiburrillo de medias verdades, errores y malas interpretaciones bastante preocupante"

"El informe negacionista revela también que…"

"…califica de "irresponsable" el informe publicado y más cuando viene de una persona que pertenece a un colectivo."

La Verdad, 14 de Agosto de 2020

Majaretas o visionarios

"…Son argumentos heterodoxos y faltos de evidencia con algunas medias verdades que pueden llevar a confusión a algunos crédulos. Lo cierto es que la tentación de ir a contracorriente, de ir más allá de las evidencias, de saber o intuir lo que la mayoría ignora, es una droga muy potente. A nivel doméstico destaca también el enterado que difunde teorías peregrinas sobre que el origen de la pandemia estaría en los excesos de la vida moderna; la comida basura, el consumo exagerado, los microplásticos, la contaminación, el calentamiento climático. La letanía de siempre. Lo que todavía no se ha oído, pero no hay que perder la esperanza, es que se trata de un ataque de los extraterrestres a la tierra para eliminar la vida humana y acto seguido hacerse con nuestro envidiado planeta azul. O que ellos tendrían vacuna contra el virus y pretenderían esclavizarnos a cambio de una dosis. Probablemente es inútil intentar combatir a majaretas y visionarios".

Censura

Una definición de censura sobre lo que a continuación vamos a tratar, la encontré en el site **definicionabc.com**, https://www.definicionabc.com/comunicacion/censura.php

"La censura es el poder que ejerce el estado, persona o grupo influyente para prohibir, la difusión a un estadio público, de una noticia, de un libro, de una película o de algún documento, a través y con el cual se pueda atentar contra la estabilidad de la persona o grupo, su subsistencia e incluso directamente contra su existencia."

Nací en 1965, como niño viví los últimos años de la dictadura franquista y como adolescente la etapa de la transición. A mis 55 años nunca pensé que la censura, tan presente en los regímenes autocráticos y tan denostada por los "demócratas", se hiciera tan patente en este año 2020. Opinión, información, libros, videos… relacionados con la COV!D-I9, censurados por los gigantes tecnológicos de la información: Google, Facebook, Amazon…

El 13 de febrero de 2020, cuando el coronavirus todavía era casi una anécdota en la mayor parte de los paises, la Organización Mundial de la Salud (OMS) mantuvo una reunion con los gigantes de la información tales como Facebook, Twitter, Amazon y Google para discurtir cómo impedir la diseminación de informaciones falsas sobre el coronavirus. Se diría que la OMS ya tenía una visión anticipada de los que iba a pasar.

A la reunión, que se celebró en la sede de Facebook en la ciudad de Menlo Park (California, Estados Unidos) también acudieron representantes de Twilio, Dropbox, Alphabet (matriz de Google), Verizon, Salesforce y YouTube.

Sundar Pichai, CEO de Google y Alphabet, en una comparecencia el 10 de marzo de 2020, hizo referencia a las acciones que en esa fecha estaba realizando la compañía en sus plataformas de contenido y publicidad. Entre esas acciones hizo referencia a la prohibición de anuncios de productos que supuestamente previenen la enfermedad, la eliminación en Youtube de vídeos que intenten sacar beneficio de la situación y la orden y prohibición a los desarrolladores de no subir apps a su tienda de aplicaciones Google Play con contenido engañoso. "En particular, aquellas que pretendan ser voz autorizada en materia de salud o medicina y difunden información falsa o potencialmente dañina".

Yo mismo, sufrí esta censura con la publicación de mi anterior libro "102 años después". El título original no era éste, sino "COV!D-19, datos y algoritmos para su comprensión". Cuando quise publicar el libro en Amazon, el gigante que dirige Jeff Bezos **bloqueó su publicación** aduciendo a lo cambiante de la información relacionada con la COV!D-I9

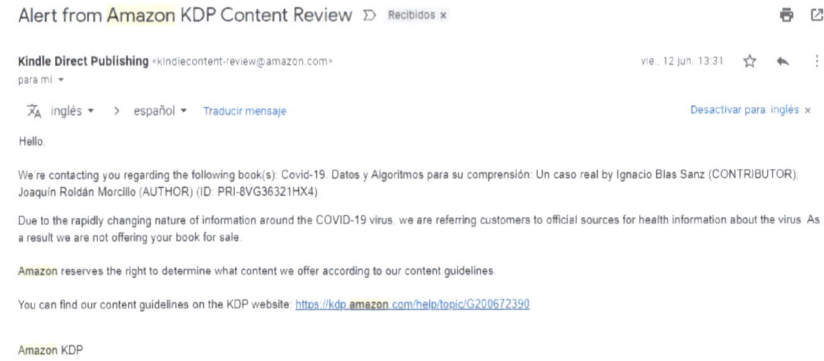

Tras realizar una consulta directamente al servicio de publicación de Amazon, me remitieron la siguiente contestación:

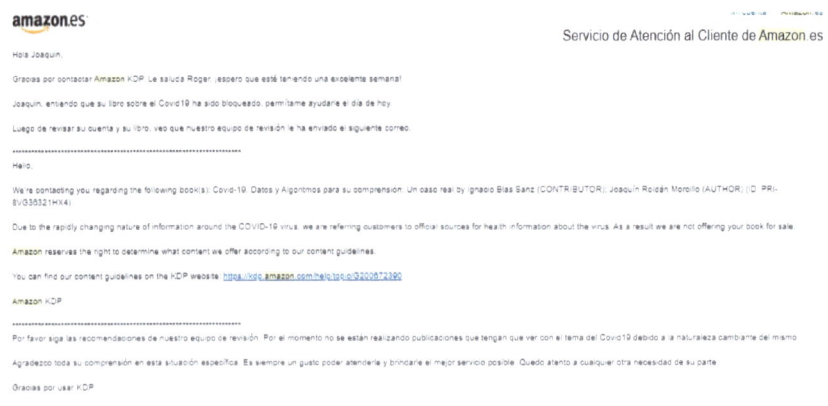

Finalmente conseguí publicar el libro, cambiando el título y "sinonimizando" algun contenido interior. Un libro, cuya materia principal, era los trabajos de carácter científico a nivel de datos, realizados para tres hospitales como ayuda a la gestión de la pandemia, con un prólogo firmado por el Director de estos hospitales, agradeciendo el trabajo solidario y la ayuda en la gestión de la pandemia que le habíamos proporcionado.

Youtube, propiedad de Google, ha suprimido centenares de vídeos con opinión e información relacionada con la enfermedad que no se ajusta a la "línea oficial" y Facebook ha censurado la publicación de muchos post, bajo el pretexto de **"bulo", "información falsa", "fake new"** mediante la intervención de las llamadas agencias verificadoras como newtral o maldita.es.

El mundo distópico de 1984, la novela de Orwell, donde un ministerio de la verdad oficializa lo que interesa a …. y reprime lo que le incomoda.

Cui Bono

Expresión latina que hace referencia a quién sale beneficiado de una situación determinada. Cui bono con el PODER INFORMATIVO.

"Tratar de influir en la conducta de la audiencia y en su toma de decisiones"

Me pareció muy interesante, el artículo escrito por Mateo Requesens el 14 de abril de 2020, sobre las agencias verificadoras en España. Lo reproduzo íntegramente por la aportación de determinada información que nos servirá como parte del desarrollo de este capítulo de PODER.

"Newtral es la productora de El Objetivo, el programa de Ana Pastor en LaSexta. Maldita.es, se trata de una web dirigida por Clara Jiménez Cruz y Julio Montes, dos periodistas también vinculados con LaSexta. Pues bien, ambas entidades, junto a EFE Verifica, --como todos sabemos EFE es la agencia gubernamental de noticias en España--, se han arrogado el papel de vigilantes de la veracidad de las noticias que circulan por las redes. WhatsApp recomienda acudir a Newtral, Maldita.es y EFE Verifica para consultar si los datos que recibimos por WhatsApp son auténticos. Por su parte Facebook ha anunciado que estas entidades directamente revisarán y evaluarán la exactitud del contenido en Facebook publicado en español. También Google ha incluido a Maldita

como plataforma de coordinación en Europa para ayudar a reducir la difusión perjudicial de información falsa. Debemos además añadir a RTVE que también se ha sumado a la terea de decirnos qué es verdad y qué es mentira con su campaña "Desmentimos los bulos del coronavirus en redes". En definitiva, no hay que ser muy listo ni perspicaz para llegar a la conclusión de que los autoproclamados verificadores de contenidos son a la vez juez y parte.

Esta "moda" del bulo ha sido impulsada por la International Fact-Checking Network (IFCN), Red Internacional de Verificación de Datos, que supuestamente pretende promover las buenas prácticas periodísticas evitando la difusión de lo que han llamado fake-news. La IFCN es un proyecto del Instituto Poynter para Estudios Mediáticos que fue creada en 2015. En los últimos años, el Instituto Poynter ha obtenido subvenciones de entidades como Google, MacArthur Foundation, Bill and Melinda Gates Foundation, Carnegie Foundation, la Open Society Foundations y Omidyar Network.

Destacan los 1,3 millones de dólares que Open Society Foundations y Omidyar Network dieron al Instituto Poynter para desarrollar la creación de su red de verificación de datos. A estas alturas a todos les sonará la Open Society Foundations, manejada por ese gran amigo de la verdad que es George Soros. Omidyar Network, es un proyecto del empresario Pierre Omidyar, fundador de eBay, otro multimillonario partidario de la agenda mundialista, bien relacionado con Hillary Clinton, Obama y el complejo industrial-armamentístico de EE.UU. Entre otras actividades ha patrocinado The Intercept, una publicación que ha difundido documentos sustraídos por Edward Snowden. En 2018 lanzó la plataforma Luminate que ha repartido 314 millones de dólares para financiar proyectos periodísticos en todo el mundo.

¿Adivinan cuáles son las entidades españolas que forman parte de la Red Internacional de Verificación de Datos promovida por el Poynter Institute? Efectivamente, han acertado, EFE Verifica, Maldita.es y Newtral.

La oligarquía mundialista controla los principales medios de comunicación y las plataformas de entretenimiento, instrumentos esenciales para moldear a su gusto las sociedades y crear su nueva civilización. En 2016 Reporteros Sin Fronteras ya denunció la concentración mediática en manos de magnates ajenos al tradicional mundo periodístico, así ponían como ejemplo EE.UU, donde en 1983 unas 50 compañías controlaban el 90% de los medios de comunicación estadounidenses, pero en 2011 no eran más de 6. Ahora quieren controlar también las redes sociales y redUCIr las posibilidades que internet brinda a la difusión de opinión independiente. Como este pluralismo ha venido a fastidiar a los fabricantes de opinión y perjudica los planes de la agenda mundialista, con la disculpa de controlar los bulos, lo que se pretende es silenciar las voces críticas.

En España, el descarado sectarismo ideológico de los verificadores, en realidad aspirantes a inquisidores del tres al cuarto, ha destapado su burda maniobra para proteger al gobierno del PSOE y Podemos de las críticas por su desastrosa gestión de la crisis del coronavirus. Se trata de falsificar la realidad, mezclando la denuncia de bulos que efectivamente corren por las redes con el desprestigio de noticias y análisis auténticos, para "newtralizar" la mala imagen del gobierno.

No, no es la fórmula directa del totalitarismo que George Orwell describió en "1984", la que va a acabar con nuestras libertades, será la insidiosa tiranía mundialista que Aldous Huxley retrató en su "Un mundo feliz", la que nos haga esclavos sin darnos cuenta. Los medios de comunicación y entretenimiento son esenciales para redUCIrnos a peleles sin pensamiento propio y el disidente, no va a terminar en un campo de concentración o ante el pelotón de fusilamiento, como en "1984", acabará aislado de la sociedad y rechazado por las masas, como en "Un mundo feliz"".

Independientemente de la carga de opinión que el artículo tiene y que a uno le puede interesar más o menos, lo que desde mi punto de vista tiene valor, son los "donantes" de una organización internacional, cuya misión final es decir al público, a la audiencia, **qué es verdad y qué no**.

Bill and Melinda Gates Foundation tiene un acuerdo con Moderna Therapeutics, https://www.modernatx.com/ , uno de los laboratorios que más avanzado, hoy, Agosto de 2020, va en el desarrollo de una vacuna para la COV!D-I9. En ese acuerdo, publicado en la propia página de la compañía, Bill and Melinda Gates Foundation se comprometen a una subvención inicial de 20 millones de dólares que puede ampliarse hasta los 100 millones de dólares a cambio de otorgar a dicha fundación ciertas licencias no exclusivas.

Biopharma | Government | Foundations | Research Institutes

BILL&MELINDA
GATES *foundation*

Bill & Melinda Gates Foundation — Advancing an mRNA-based antibody combination to help prevent HIV infection

"Moderna Therapeutics' research has considerable potential for the development of an effective prevention intervention for HIV, and potentially other infectious diseases that disproportionately affect the world's poorest people." – Trevor Mundel, president of Global Health at the Bill & Melinda Gates Foundation

In January 2016, we entered a global health project framework agreement with the Bill & Melinda Gates Foundation to advance mRNA-based development projects for various infectious diseases. The Bill & Melinda Gates Foundation has committed up to $20.0 million in grant funding to support our initial project related to the evaluation of antibody combinations in a preclinical setting as well as the conduct of a first-in-human Phase 1 clinical trial of a potential mRNA medicine to help prevent human immunodeficiency virus, or HIV, infections. Follow-on projects which could bring total potential funding under the framework agreement up to $100.0 million (including the HIV antibody project) to support the development of additional mRNA-based projects for various infectious diseases can be proposed and approved until the sixth anniversary of the framework agreement, subject to the terms of the framework agreement, including our obligation to grant to the Bill &Melinda Gates Foundation certain non-exclusive licenses.

https://www.modernatx.com/ecosystem/strategic-collaborators/foundations-advancing-mrna-science-and-research

Parece razonable pensar que una organización internacional que verifica lo que es verdad, se esfuerce en "proteger" los intereses de uno de sus principales "donantes", a través de la censura de información que pueda dañarle.

Lo cierto, es que gran parte de la información relacionada con la COV!D-I9 que pueda ir en contra del potencial éxito de esta vacuna, se está censurando por parte de estas agencias verificadoras, calificando como **bulo** o **fake news** determinados contenidos. Pero no se quedan solo ahí, resaltan las bondades y positividad de dicha vacuna:

Newtral, 23 de junio de 2020

Bill Gates no ha dicho que "la vacuna de la C0V!D cambiará permanentemente tu ADN"

"…Circula en la red un mensaje que indica que Bill Gates ha explicado que "la vacuna C0V!D usará tecnología experimental y alterará permanente su ADN". Esto es FALSO. Si bien es cierto que entre las alternativas a vacuna ante la COV!D-I9 existen dos enfoques de carácter experimental, en referencia a las candidatas a vacunas de ARN y ADN, el magnate creador de Microsoft nunca ha dicho que estas puedan cambiar "permanentemente" el ADN humano…"

https://www.newtral.es/bill-gates-vacuna-coronavirus-adn/20200623/

Newtral, 15 de Julio de 2020

La vacuna de Moderna promete pero, ¿funcionará en miles de voluntarios?

"… ARN-m, una tecnología nueva

La vacuna de Moderna, de funcionar, sería la primera en usar la tecnología de ARN mensajero en humanos. Simplicando, consiste en inyectar en una persona el libro de instrucciones para fabricar el SARS-CoV-2 en las propias células. Eso sí, una versión incompleta, trocitos de él, en realidad no capaces de provocar la COV!D-I9. Pero suficientes para estimular las defensas y cargar el organismo de anticuerpos…"

https://www.newtral.es/vacuna-COV!D-I9-moderna-promete-miles-voluntarios/20200715/

Maldita.es, 18 de junio de 2020

Bulos que utilizan a Bill Gates para desinformar sobre el coronavirus

"…No, Bill Gates no ha dicho que más de 700.000 personas morirán por la vacuna del coronavirus..

…No, no hay pruebas de que Bill Gates haya escrito una carta en la que diga que el coronavirus es "el gran corrector" y que "está aquí para enseñarnos unas lecciones que parece hemos olvidado"…

"…No, no hay pruebas de que Bill Gates sea el propietario de la patente del brote del nuevo coronavirus iniciado en China…"

https://maldita.es/malditobulo/2020/06/18/bulos-bill-gates-coronavirus/

Maldita.es, Actualizado el 10 de Agosto de 2020

Las afirmaciones falsas o sin evidencias científicas de Miguel Bosé sobre las vacunas, Bill Gates y la COV!D-I9

"…Según la Organización Mundial de la Salud, la Global Alliance for Vaccines and Immunization, GAVI Allianze, es una asociación de salud global de organizaciones del sector público y privado dedicadas a la "inmunización para todos". El papel que desempeña la fundación de Bill y Melinda Gates en relación a GAVI, según confirman en su página web, es de socios fundadores, junto con la OMS, Unicef y The World Bank…"

https://maldita.es/malditaciencia/2020/08/10/miguel-bose-gavi-fundacion-bill-y-melinda-gates-componentes-vacunas/

Maldita.es, 18 de junio de 2020

El coronavirus y sus bulos: 696 mentiras, alertas falsas y desinformaciones sobre COV!D-l9

https://maldita.es/malditobulo/2020/08/14/coronavirus-bulos-pandemia-prevenir-virus-COV!D-l9/

Con esos números da la sensación que no se dedican a otra cosa, ¿no?

El germen de lo que hoy se considera "fake news" y sembró las bases de como la manipulación informativa puede modificar la conducta de la audiencia, parece que se puede situar en la noche de Halloween de 1938, cuando Orson Wells dio vida, al programa de radio que se convirtió en la mayor leyenda de la historia de los medios de comunicación: "La Guerra de los Mundos". Una narración de apenas una hora de duración provocó el pánico entre miles de personas, que salieron a la calle despavoridas y convencidas de que el mundo estaba siendo invadido por un ejército de alienígenas.

Orson Wells, una hora, a través de un programa de radio. No hace falta mucha imaginación para entender lo que se puede influir en la conducta de la población, con horas y horas de televisión, radio y contenidos difundidos a través de prensa digital o escrita, día tras día.

Hemos desarrollado el caso de Bill & Melinda Gates

Fundation, pero no son los únicos que tienen "Poder" en la información y han invertido o están invirtiendo en el sector biotecnológico y farmacéutico.

Jeff Bezos, CEO de Amazon, sin ir más lejos:

Dueño también de "The Washington Post", una de las cabeceras míticas del periodismo en Estados Unidos y que logró un enorme prestigio internacional a raíz del caso "papeles del pentágono" y el "Watergate", e inversor en compañías como:

- Plenty, compañía de tecnología agrícola cuyo objetivo es lograr que los cultivos prosperen en un entorno libre de pesticidas y transgénicos.
- Juno Therapeutcis, en la que en 2014, Bezos Expeditions invirtió 134 millones de dólares. Una compañía que trabaja en el desarrollo de inmunoterapias para el tratamiento del cáncer. En enero de 2018, la compañía farmacéutica Celgene adquirió Juno Therapeutics por 9.000 millones de dólares. Y en enero de 2019 Bristol Meyer compró Celgene, en una operación de casi 65.000 millones de euros.
- Grail, compañía de biotecnología focalizada en desarrollar tecnologías que ayuden a detectar el

cáncer antes, para así tratarlo con procedimientos menos invasivos.

- Mindstrong Health, una app dirigida a conectar a los pacientes y proveedores con medidas continuas y objetivas de cognición y estado de ánimo, es decir a que te digan que estás deprimido aunque tú te des cuenta.
- Junto con Bill Gates ha invertido en Pivot Bio, compañía orientada al desarrollo de bacterias **genéticamente modificadas** que ayuden a redUClr el uso de fertilizantes nitrogenados.

En septiembre de 2016, Mark Zuckerberg se comprometió a donar 3.000 millones de dólares en 10 años para luchar contra la erradicación de las enfermedades a través de su fundación.

Hacia la virtualidad

Una situación ésta, en la que ahora mismo vivimos, que está trasladando **aún más**, las relaciones personales al mundo digital: Instagram, Facebook, WhatsApp, Tik Tok..., el desempeño laboral físico hacia el teletrabajo, las relaciones empresariales hacia las videoreuniones: Skype, Meet, Teams, Zoom..., la educación presencial hacia la formación online, la asistencia a cines, teatros, auditorios hacia plataformas tipo Netflix, Amazon Prime, HBO... y la compra física en tiendas a pie de calle o en centros comerciales hacia comercios electrónicos como Amazon, Aliexpress, ebay, Zara, El Corte Inglés, incluso Mercadona.

Un **Cui bono** muy claro: las grandes tecnológicas, que además son inversoras en biotecnología e industria farmacéutica, los otros grandes beneficiados de la situación. Cuando la gran parte de empresas están bajando su cotización en bolsa, biotecnología e industria farmacéutica se están revalorizando. Cualquier noticia de cualquier laboratorio que haga referencia a cualquier medicamento, remedio, avance e incluso idea para "combatir" la COV!D-I9 dispara su valor.

"Las firmas de terapias avanzadas logran una inyección récord de 9.000 millones

La pandemia de COV!D-I9 no solo no ha afectado a la investigación más puntera de las empresas biofarmacéuticas, sino que ha convencido a los inversores sobre la importancia de los avances en salud. El sector de las empresas de terapias avanzadas consiguió en los seis primeros meses del año una inyección financiera nunca vista hasta ahora, un récord de 10.700 millones de dólares (casi 9.000 millones de euros), según los últimos datos de la organización Alliance for Regenerative Medicine (ARM)…"

https://cincodias.elpais.com/cincodias/2020/08/19/companias/159785993

0_666967.html

Está claro que entre principios de marzo y finales de mayo, en España y en general en Europa, se vivió una situación de colapso sanitario. Este colapso determinó que las autoridades tomaran decisiones drásticas en la restricción de libertades y derechos que conllevaron cambios en la forma de vida, es decir **modificaron la conducta vital de los ciudadanos.**

Pero no fue suficiente. A finales de mayo, con una situación ya controlada y a las puertas de volver a poner en marcha nuestra vida casi tal y como la conocíamos, no había vacunas, ni medicamentos o remedios contundentes para la COVID-19, que habrían generado miles y miles de millones de dólares, así que había que poner en marcha la **operación "rebrotes"**. Tres meses de estabilidad, de vuelta a la más o menos normalidad y el globo se habría pinchado. Igual que modificamos nuestra conducta vital de marzo a finales de mayo, la hubiéramos vuelto a retornar al punto de partida a principios de septiembre con los meses de verano y las vacaciones de por medio.

En el año 2009 con la anterior pandemia, la gripe A (H1N1), los laboratorios vendieron a los estados millones de vacunas. España compró 50 millones de la citadas vacunas. https://www.elmundo.es/elmundo/2009/07/10/espana/1247229221.html#:~:text=El%20Gobierno%20le%20ha%20puesto,de%20266%20millones

%20de%20euros.

https://www.elconfidencial.com/mundo/2009-08-29/el-gobierno-destina-333-millones-a-comprar-vacunas-y-antivirales-para-la-gripe-a_776054/

El 10 de Julio de 2009, España había contabilizado 969 casos y dos muertes. 13 personas ingresadas en UCIs. 50 millones de vacunas. ¿Dónde fueron a para esas vacunas? La mayor parte caducaron y se destruyeron. No se sabe a ciencia cierta si todas llegaron, aunque sí se pagaron por adelantado a laboratorios como Novartis y GlaxoSmithKline. Solamente 3 millones de ciudadanos optó por ponerse la vacuna, que también en su momento, creó un revuelo importante ante la incertidumbre en la seguridad de la misma.

Reflexión: con datos como los de la pandemia de 2009, los laboratorios no iban a "colar" los millones de vacunas que entonces si vendieron.

Realmente, si unes en una misma causa, el poder de las tecnológicas, que controlan la información y el poder la industria farmacéutica, las posibilidades de abstraerte a una manipulación informativa, a un pensamiento dirigido, son muy pequeñas. Ni siquiera los gobiernos, que están actuando como marionetas de este poder conjunto. Creen que toman decisiones autónomas, ¡ilusos! Son, como los medios de comunicación, cooperadores necesarios. Esa es la **Fortaleza** del verdadero poder, modificar conductas, dirigir decisiones, sin que el que las ejecuta sea consciente del poder que se está ejerciendo sobre él.

Vuelvo a echar mano de definicionabc.com para introducir los siguientes dos términos: conspiración y teoría conspirativa.

"Una **conspiración** es un acuerdo generalmente secreto entre dos o más personas y que tiene la misión de gestar algún plan o daño contra algo o alguien".

"**La teoría conspirativa** es aquella teoría que aparece a la hora de querer explicar algún acontecimiento sucedido o que estaría por suceder y que se sustenta en una serie de circunstancias que se conocen y que se sabe que se quieren o quisieron ocultar al público. Generalmente **estas teorías son negadas y hasta desvalorizadas** por parte de aquellos interesados en ocultar ciertas verdades".

Si encuentras en lo que estás leyendo un atisbo de teoría conspirativa, estás en tu derecho, respeto tu opinión y tu conocimiento, pero…

Sino entiendes algo, hazte las preguntas y busca las respuestas.

La inversión publicitaria de la industria farmacéutica, según los estudios realizados por la agencia de investigación GlobalData, son muy superiores a la propia inversión en I+D, en algunos laboratorios con una proporción de 2 a 1. ¿Dónde va a para el grueso de esa inversión?

En España, en los últimos 10 años, los laboratorios se han gastado alrededor de 1.300 millones de euros en publicidad. A nivel mundial, 50.000 millones en esos 10 años. Un porcentaje altísimo de ese importe ha ido a parar a las televisiónes. Se me hace difícil pensar que las televisiónes no apoyen las líneas de comunicación de los laboratorios.

▷ Evolución de la inversión publicitaria Total (2008-2019)

Año	Inversión publicitaria en millones de euros	% variación respecto al año anterior	% variación respecto a 2008
2008	6.517		
2009	5.097	-22%	-22%
2010	5.208	2%	-20%
2011	4.827	-7%	-26%
2012	3.983	-17%	-39%
2013	3.710	-7%	-43%
2014	3.976	7%	-39%
2015	4.237	7%	-35%
2016	4.445	5%	-32%
2017	4.574	3%	-30%
2018	4.678	2%	-28%
2019	4.609	-1%	-29%

▷ Evolución de la inversión publicitaria Sector Farmacéutico (2008-2019)

Año	Inversión publicitaria en miles de euros	% variación respecto al año anterior	% variación respecto a 2008	Participación del sector en la inver. Total
2008	113.225			1,7%
2009	125.487	11%	11%	2,5%
2010	111.378	-11%	-2%	2,1%
2011	90.381	-19%	-20%	1,9%
2012	78.120	-14%	-31%	2,0%
2013	95.224	22%	-16%	2,6%
2014	115.560	21%	2%	2,9%
2015	152.715	32%	35%	3,6%
2016	146.519	-4%	29%	3,3%
2017	142.488	-3%	26%	3,1%
2018	144.142	1%	27%	3,1%
2019	126.206	-12%	11%	2,7%

Evolución inversión publicitaria Total versus España. Fuente: berbes.com

¿Todas igual, todas la misma información, todas el mismo mensaje? "Si la COV!D-I9 tiene que ser una enfermedad supercontagiosa, superpeligrosa y supermortal, pues lo será, ¿quién soy yo para discutirlo? Lo emito y lo defiendo".

Finalizo el capítulo con un personaje **deleznable** por lo que hizo, pero del que beben todos los que pretenden modificar las conductas de las audiencias a través de la manipulación de la información: **Joseph Goebbels**, un genio de la propaganda como reconocen las facultades de la ciencia de la información de todo el mundo.

Joseph Goebbels fue el padre de la propaganda nazi y responsable del Ministerio de Educación Popular y Propaganda, creado por Adolf Hitler a su llegada al poder en 1933. Su legado en cuanto a la comunicación se resumen en 11 principios.

Principio de simplificación y del enemigo único.

"Adoptar una única idea, un único símbolo. Individualizar al adversario en un único enemigo".

Principio del método de contagio.

Reunir diversos adversarios en una sola categoría o individuo. Los adversarios han de constituirse en suma individualizada.

Principio de la transposición.

Cargar sobre el adversario los propios errores o defectos, respondiendo el ataque con el ataque. Si no puedes negar las malas noticias, inventa otras que las distraigan.

Principio de la exageración y desfiguración.

Convertir cualquier anécdota, por pequeña que sea, en amenaza grave.

Principio de la vulgarización.

Toda propaganda debe ser popular, adaptando su nivel al menos inteligente de los individuos a los que va dirigida. Cuanto más grande sea la masa a convencer, más pequeño ha de ser el esfuerzo mental a realizar. La capacidad receptiva de las masas es limitada y su comprensión escasa; además, tienen gran facilidad para olvidar.

Principio de orquestación.

La propaganda debe limitarse a un número pequeño de ideas y repetirlas incansablemente, presentarlas una y otra vez desde diferentes perspectivas, pero siempre convergiendo sobre el mismo concepto. Sin fisuras ni dudas. "Si una mentira se repite lo suficiente, acaba por convertirse en verdad".

Principio de renovación.

Hay que emitir constantemente informaciones y argumentos nuevos a un ritmo tal que, cuando el adversario responda, el público esté ya interesado en otra cosa. Las respuestas del adversario nunca han de poder contrarrestar el nivel creciente de acusaciones.

Principio de la verosimilitud.

Construir argumentos a partir de fuentes diversas, a través de los llamados globos sonda o de informaciones fragmentarias".

Principio de la silenciación.

Acallar las cuestiones sobre las que no se tienen argumentos y disimular las noticias que favorecen el adversario, también contraprogramando con la ayuda de medios de comunicación afines.

Principio de la transfusión.

Por regla general, la propaganda opera siempre a partir de un sustrato preexistente, ya sea una mitología nacional o un complejo de odios y prejuicios tradicionales. Se trata de difundir argumentos que puedan arraigar en actitudes primitivas.

Principio de la unanimidad.

Llegar a convencer a mucha gente de que piensa "como todo el mundo", creando una falsa impresión de unanimidad.

¿A qué les suena?

3 DE MASCARILLAS, VIRUS INTELIGENTES Y OTRAS OCURRENCIAS

ABSURDO. Del latín absurdus, el término Absurdo hace referencia a aquello que carece de sentido o que es opuesto o inverso a la razón. El concepto también se refiere a lo extraño, raro, descabellado, ilógico o insensato.

Algunos sinónimos de Mascarilla: cubrebocas, bozal, tapabocas, trapo, mordaza, barbijo, mascara autofiltrante…

Este capítulo pretender recoger aquellas medidas y ocurrencias que ha tomado la clase política, en esta fase de rebrotes, que adolecen de base científica alguna y que podrían formar parte de la definición del concepto ABSURDO.

El 9 de junio, el gobierno español promulga el Real Decreto-ley 21/2020, de 9 de junio, de medidas urgentes de prevención, contención y coordinación para hacer frente a la crisis sanitaria ocasionada por el COV!D-I9.

https://www.boe.es/diario_boe/txt.php?id=BOE-A-2020-5895

Respecto al uso de mascarilla, el Real Decreto recoge lo siguiente:

"**CAPÍTULO II MEDIDAS DE PREVENCIÓN E HIGIENE**

<u>**Uso obligatorio de mascarillas.**</u>

Quedan obligadas al uso de mascarillas las personas **de seis años en adelante**, en:

- En la vía pública, en espacio al aire libre y en cualquier espacio cerrado de uso público o abierto al público, siempre que no sea posible garantizar la distancia de seguridad interpersonal de al menos, 1,5 metros.
- En medios de transporte aéreo, marítimo, en autobús, o por ferrocarril, así como en los transportes públicos y privados complementarios de viajeros en vehículos de hasta nueve plazas, incluido el conductor, si los ocupantes no conviven en el mismo domicilio.

No será exigible para los siguientes supuestos:

- Enfermedad o dificultad respiratoria que pueda verse agravada, o por su situación de discapacidad o dependencia, no disponga de autonomía para quitarse la mascarilla.

- Ejercicio de deporte individual al aire libre, ni en supuestos de fuerza mayor o situación de necesidad, donde resulte incompatible, según las indicaciones de las autoridades sanitarias.

La venta unitaria de mascarillas quirúrgicas no empaquetadas individualmente solo se podrá realizar en las oficinas de farmacia garantizando las condiciones de higiene adecuadas."

Parece razonable que tras la fase pandémica, y aunque durante esta fase, sobre todo en los inicios de la misma, el uso de la mascarilla no fue ni obligatorio ni recomendado, **se marcaran un pautas de uso viable de la misma**, con el fin, en primer lugar de ir consolidando y estabilizando la situación ciertamente positiva que se estaba alcanzando y en segundo lugar que las personas que pudieran sentir miedo al contagio se sintieran seguras.

Este Real Decreto recogía estas pautas. El fin del estado de alarma acabó con el mando único en el ámbito sanitario, del Ministerio de Sanidad y devolvió a las Comunidades Autónomas, las competencias en materia de salud pública, que ya tenían antes de la declaración del citado estado de alarma... y los presidentes de éstas comenzaron a dictar normativas, respecto al uso de las mascarillas.

Junta de Andalucía

"No será exigible el uso de la mascarilla en las playas y piscinas durante el baño y mientras se permanezca en un espacio determinado, siempre y cuando se pueda respetar la distancia de seguridad interpersonal entre los usuarios. Para los desplazamientos y paseos en las playas y piscinas sí será obligatorio el uso de mascarilla."

Recogido en la Orden de 14 de julio de 2020, sobre el uso de la mascarilla y otras medidas de prevención en materia de salud pública para hacer frente al coronavirus (COV!D-I9) y por la que se modifica la Orden de 19 de junio de 2020.

Puedes bañarte sin mascarilla, al virus no le gusta ni el agua de mar ni el cloro de la piscina, con lo que bañándote estás seguro. Puedes tumbarte en la toalla en la playa o en el césped que hay alrededor de la piscina, sin mascarilla, el virus ya sabe que ese espacio lo estás utilizando tú y lo respeta, estás seguro. Si decides abandonar tu espacio y dar un paseo para introducirte en el mar o llegar hasta el borde de la piscina, es obligatorio el uso de la mascarilla, ten en cuenta que el virus es inteligente, conoce la orden de 14 de julio y sino llevas mascarilla puede "atacarte y contagiarte", uno se pregunta ¿qué haces con la mascarilla cuando llegas al borde del mar o de la piscina? ¿dónde la dejas? ¿debes ir acompañado por otra persona que te recoja, protegida con epis, tu mascarilla? ¿Absurdo?

Generalitat Valenciana

"A los efectos del presente acuerdo, la obligación del uso se refiere a mascarillas, preferentemente higiénicas y quirúrgicas, así como a su uso adecuado, es decir, que tiene que cubrir desde la parte del tabique nasal hasta la barbilla incluida. No se permite el uso de mascarilla con válvula exhalatoria, salvo en el ámbito profesional para el caso en que este tipo de mascarilla pueda estar recomendada".

Recogido en el Apartado 1.3.4 de la RESOLUCIÓN de 17 de julio de 2020, de la consellera de Sanidad Universal y Salud Pública, de modificación y adopción de medidas adicionales y complementarias del Acuerdo de 19 de junio, del Consell, sobre medidas de prevención frente al COV!D-I9.

Es obligatorio el uso de la mascarilla, pero **no te obligan** a qué tipo de mascarillas **tienes que utilizar**. Es decir, la mascarilla es obligatoria, pero **ponte la que te de la gana** (eso sí, sin válvula exhalatoria). El virus es inteligente y si te ve con la mascarilla ya no te ataca.

Cada vez es mayor el número de personas que llevan lo que podríamos denominar "mascarillas de diseño o fashion mask", muchas de ellas anuncian que incorporan filtros, pero muchas otras no dejan de ser trozos de tela, con un diseño más o menos sofisticado, que se usan, se lavan, se usan, se lavan... ¿dónde está la seguridad que se supone debe incorporar la mascarilla? ¿Absurdo?

Mascarillas de diseño. Fotografía propia

Xunta de Galicia

"d) Excepciones a la obligación de uso de la mascarilla.

...

4º) En los establecimientos de hostelería y restauración, por parte de los clientes del establecimiento **exclusivamente en el momento específico del consumo.**"

Recogido en la RESOLUCIÓN de 17 de julio de 2020, de la Secretaría General Técnica de la Consellería de Sanidad, por la que se da publicidad del Acuerdo del Consello de la Xunta de Galicia, de 17 de julio de 2020, por el que se introducen determinadas modificaciones en las medidas de prevención previstas en el Acuerdo del Consello de la Xunta de Galicia, de 12 de junio de 2020, sobre medidas de prevención necesarias para hacer frente a la crisis sanitaria ocasionada por el COV!D-I9, una vez superada la fase III del Plan para la transición hacia una nueva normalidad.

En general, se está siendo permisivo con el NO USO de las mascarillas en las terrazas, llegando a situaciones tan

Paseo marítimo Vinaròs. Fotografía propia

¿surrealistas? como la que representa la fotografía anterior y absolutamente común, en muchas zonas de costa de toda España. Un paseo marítmo donde a la derecha tienes la línea de terrazas en la que NO es obligatoria la mascarilla, la playa a la izquierda donde NO es obligatoria la mascarilla y un pasillo central de unos ocho metros de anchura donde Sí es obligatorio el uso de la mascarilla.

Es difícil presentar una situación más absurda que ésta en el uso/no uso de la mascarilla, pero aún se pueda rizar más el rizo si obligas a que entre bocado y bocado, entre trago y trago, sentado en una terraza, el ciudadano se tenga que poner la mascarilla… a no ser que pienses que mientras estás comiendo o bebiendo, el virus que como ya vamos viendo es inteligente, respete ese momento y no te ataque y contagie.

Terraza. Ciudadanos consumiendo. Fotografía propia

Parece claro que la propagación del virus es más factible en espacios cerrados, pero en el interior de cualquier establecimiento de hostelería se puede observar a las personas desayunando, comiendo o cenando, tranquilamente sentados, SIN mascarilla.

Interior de establecimiento. Fotografía propia

Y si uno contempla un partido profesional de fútbol, lo menos que puede hacer es echarse las manos a la cabeza. Los suplentes ahora, se sientan en las gradas, detrás de los banquillos, separados, guardando la distancia de seguridad y con mascarilla. Los jugadores que disputan el partido, evidentemente, sin mascarilla y sin guardar distancia de seguridad alguna, claro, no se podría jugar y constante contacto físico. Al virus, está claro que le gusta el deporte, si estás disputando un partido estás a salvo, si eres reserva puede que no. Eso sí, finaliza el partido y todos, titulares, reservas y cuerpo técnico, si el equipo ha ganado y más aún si ha conseguido un logro importante, todos juntos y abrazaditos celebrando la victoria ¿Absurdo?

Hay que decir que España, en estas fechas, agosto de 2020 y prácticamente desde primeros de julio, es el único país de la Unión Europea donde es obligatorio el uso de las mascarillas en espacios públicos al aire libre aun respetando la distancia social. La Organización Mundial de la Salud, casualmente, el mismo día 9 de julio, que en distintas comunidades autónomas se dictaban normas todavía más estrictas en el uso de las mascarillas en espacios públicos al aire libre, renovaba sus recomendaciones sobre el uso de la misma:

"el mecanismo principal de transmisión del coronavirus es a través de gotas de más de 5 micras de diámetro que emitimos al hablar, reír, toser o cantar y que tienden a caer por su propia gravedad. De ahí que la primera recomendación para prevenir contagios sea mantener una distancia de seguridad entre personas. En los casos en los que no se pueda mantener esa distancia, la OMS defiende el uso de mascarillas. Pero hasta la fecha no se ha demostrado la transmisión del SARS-CoV-2 a través de aerosoles". Es decir sólo recomendaba el uso de las mascarillas en espacios públicos al aire libre sino podía mantenerse la distancia de seguridad.

https://apps.who.int/iris/bitstream/handle/10665/333390/WHO-2019-nCoV-Sci_Brief-Transmission_modes-2020.3-spa.pdf?sequence=1&isAllowed=yhttps://apps.who.int/iris/bitstream/handle/10665/332657/WHO-2019-nCov-IPC_Masks-2020.4-spa.pdf?sequence=1&isAllowed=y

En España, las ocurrencias sobre el uso de las mascarillas continúan. Queda prohibido fumar en espacios públicos al aire libre sino se guarda la distancia de seguridad. Los objetivos de esta prohibición parece que son que el virus **no se transmita a través de la exhalación del humo** y que el fumador no se quite la mascarilla. Algún presidente de Comundidad Autónoma ya ha lanzado la idea de prohibir comer y beber en el transporte público, con el objetivo de que los ciudadanos no se quiten en ningún momento la mascarilla. Restringen el número de personas con las que pueden sentarte a comer, incluso en tu propia casa y por supuesto si no son convivientes, dictan que lleven mascarillas. Se están tomando decisiones cada vez más restrictivas en los derechos de los ciudadanos, avalados por supuestos comités de expertos o informes que nadie conoce.

Uno podría pensar que ante el uso tan generalizado en España de las mascarillas por parte de los ciudadanos, se han establecido unos procedimientos y protocolos seguros para la recogida y el tratamiento de las mismas, al ser una potencial fuente de difusión de la enfermedad.

¿Existe este procedimiento y protocolo **de obligado cumplimiento**? ¿Existen contenedores públicos seguros

Mascarillas en el suelo. Fuente: Uppers.es

para el depósito y la recogida de este material potencialmente peligroso? La respuesta es NO.

Un documento de 8 páginas de los Ministerios de Sanidad y de Trabajo y Economía Social:

https://www.insst.es/documents/94886/715218/Instrucciones+sobre+gesti%C3%B3n+de+residuos+en+la+situaci%C3%B3n+de+crisis+sanitaria+26.05.20.pdf/a99bd522-8294-47aa-8eda-cfd792ea82b9

Y algunas infografías recomendatorias, procedentes del Ministerio de Sanidad, CCAA, Diputaciones o Ayuntamientos. Demasiado simple, demasiado laxo para algo que se supone, afecta de manera agresiva a la salud pública.

Recomendaciones gestión de residuos. Fuente: Diputación de Segovia

La realidad es que uno se encuentra mascarillas y guantes tirados por el suelo en cualquier lugar por donde pasee, en el propio mar, en las papeleras públicas, etc. ¿Absurdo?

Pero las ocurrencias no son solo con las mascarillas, por ejemplo se recomienda el uso de gel hidroalcohólico cada vez que entras y sales de en un establecimiento, antes de tocar ciertas superficies… Sin embargo no hay ninguna medida de seguridad de este estilo, por ejemplo, en cajeros automáticos o parquímetros. Obligas a los establecimientos hosteleros a limpiar y desinfectar cada mesa, cada silla, cada vaso, después de cada uso, pero un cajero o parquímetro puede estar utilizándose de forma continuada por los ciudadanos sin medida de seguridad alguna. ¿Absurdo?

Quiero finalizar esta parte con otro Absurdo, el de los platós de televisión. Espacios cerrados. ¿Han visto que algún presentador, colaborador o contertulio, lleve mascarilla? Vuelvo a repetir ¿han visto algún presentador, colaborador o contertulio que lleve mascarilla en un espacio cerrado como es un plató de televisión? **NO**, no lo han visto porque ninguno la lleva. Tachan de irresponsables a quienes no las llevan, a quienes no guardan la distancia de seguridad, pero para ellos, barra libre. Debe ser que han firmado algún tipo de acuerdo con SARS-CoV-2 para que se quede en la puerta de los platós, o a lo sumo visite a las personas, estas sí con mascarilla y distancia de seguridad, que puedan asistir como espectadores a alguno de los programas. ¿Absurdo?

4 DE PCRs, POSITIVOS Y ASINTOMÁTICOS

"CUANDO TODOS PIENSAN IGUAL, ES QUE NINGUNO ESTÁ PENSANDO", Walter Lippmann.

Nació el 23 de septiembre de 1889 y obtuvo dos premios Pulitzer.

"…la función de la noticia es señalar un hecho, la función de la verdad es traer a la luz los hechos ocultos, ponerlos en relación uno con otro, y hacer un cuadro de la realidad sobre el que la sociedad puedan actuar".

"…manejar a las masas contaminó la democracia y la convirtió en un paliativo… Dar a la gente un medicamento para que se sientan bien y que pueda responder a un dolor inmediato, sin alterar las condiciones objetivas que lo crea…"

Simplificándolo mucho, mucho y relacionado con el coronavirus, una PCR, es un tipo de prueba que se le hace a un ciudadano para determinar si tiene el SARS-CoV-2, que como ya sabemos, es el virus que origina la COVID-19.

En España a partir del 21 de junio, fin del estado de alarma, es una constante, como ya hemos dicho anteriormente, rebrotes, PCRs y positivos.

El Ministerio de Sanidad realizó durante el mes de mayo, un estudio seroepidemiológico de la infección por SARS-CoV-2 en España. El alcance de este estudio llegó a unas 60.000 personas, escogidas de forma aleatoria. Estaba dirigido por el Instituto de Salud Carlos III, con la colaboración del Instituto Nacional de Estadística.

Los estudios seroepidemiológicos permiten estudiar la distribUCIón de las enfermedades de manera indirecta, mediante la detección sérica de marcadores de infección y de inmunidad. Los test rápidos detectan tanto si una persona está contagiada en el momento de la prueba como si ya ha superado el virus. El objetivo del estudio, era cuantificar, lo más aproximado posible, el número real de infectados que había habido en España por el coronavirus hasta esa fecha.

Conocer el número real de contagios era importante, para, entre otras cosas, medir correctamente las tasas de mortalidad (letalidad) y tasas de contagios por población.

Tras dos tandas de pruebas, el estudio reflejó una inmunidad media en España del 5,2%. Es decir, que si España tiene una población de 47.100.396 habitantes, 2.449.220 de personas, aproximadamente, se habían contagiado. Poca trascendecia dieron los medios a este dato.

¿Son fiables las PCRs?

Esta es una pregunta que muchos se están haciendo, dada la gran cantidad de positivos que están apareciendo en personas, que no tienen ningún tipo de sintomatología y pasan a ser clasificados como **Asintomáticos.** No estamos hablando de un pequeño porcentaje. Nos referimos a que desde el 21 de junio, el porcentaje que las autoridades sanitarias están dando de positivos asintomáticos, ronda, en algunas comunidades, **el 85%.**

Volvemos a incidir que el enfoque de todo lo que en el libro estamos desarrollando, hace referencia al periodo que se inicia el 21 de Junio de 2020 con la finalización del estado de alarma.

La OMS ha ido variando los contenidos sobre la COV!D-I9 conforme han ido evolucionando las circunstancias, se han ido realizado nuevos estudios y han podido constatar y confirmar, determinados aspectos de esta crisis.

El 17 de junio de 2020, la OMS actualizó su documento de criterios para el periodo de cuarentena de los pacientes con

COV!D-l9. El documento recoge la **NO necesidad** de hacer una segunda prueba PCR para comprobar que un positivo por PCR, pasado el periodo de cuarentena, había dejado de ser positivo. Este positivo podía darse de alta sin esa segunda prueba, siempre y cuando los tres días anteriores a la finalización del periodo de cuarentena no tuviera síntomas.

La explicación que da la OMS, es que una PCR puede dar positivo con una mínima carga viral en el paciente, carga que ya adolece de fuerza para contagiar a nadie.

https://www.who.int/news-room/commentaries/detail/criteria-for-releasing-COV!D-l9-patients-from-isolation

El 11 de agosto el Ministerio de Sanidad junto al Instituto Carlos III publicaban la actualización del documento ESTRATEGIA DE DETECCIÓN PRECOZ, VIGILANCIA Y CONTROL DE COV!D-l9.

En dicho documento se establece como *"caso confirmado con infección resuelta: la persona asintomática con serología IgG positiva independientemente del resultado de la PCR (PCR positiva, PCR negativa o no realizada)"*.

Lo que sigue la línea de lo recogido por la OMS en su documento de 17 de junio y al que acabamos de hacer referencia. Esto quiere decir que aquellos asintomáticos que se realizan la prueba de serología (para la detección de anticuerpos) y su resultado en IgG es positive, han superado la enfermedad y pueden realizar vida normal (sin aislamiento), independientemente de si sigue dando positivo o no en la PCR. ¿Porqué? Porque en muchos casos los resultados de **las PCR siguen dando positivo aunque se trate de remanentes "muertos" del virus que siguen en el organismo, aunque ya no tenga capacidad de contagio.**

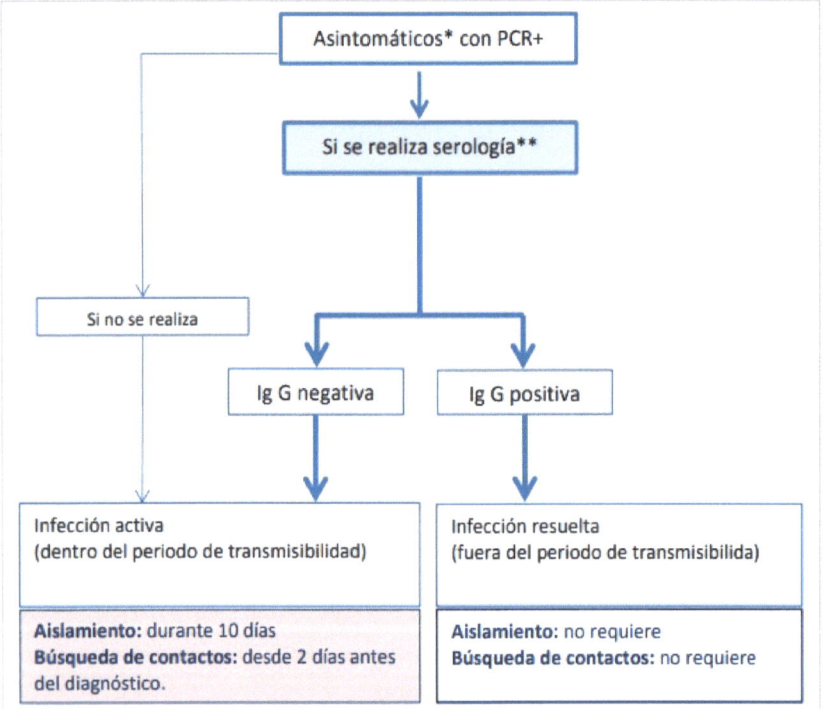

* Se definen como asintomáticos aquellos casos que no refieren haber presentado síntomas compatibles o aquellos que, habiéndolos presentado, hace más de 14 días que se encuentran asintomáticos.
**Serología de alto rendimiento: ELISA, CLIA, ECLIA o técnicas similares. Para esta interpretación serológica no se tendrá en cuenta el resultado de la Ig M ni de la Ig A.

Algoritmo de decisión. Fuente: Ministerio de Sanidad

Se han tenido hospitalizados o en cuarentena muchos pacientes con mínima carga viral, porque las segundas y sucesivas PCRs daban positivo. Parece una broma de mal gusto, que un cuidadano, ya sano, sin capacidad de infectar a nadie, haya estado hospitalizado o "retenido" en aislamiento días y días sin ninguna necesidad. Ya sé que ahora lo políticamente correcto es poner la salud por encima de todo, incluso de los más básicos derechos civiles. Me parece una auténtica aberración, que una persona pueda pasar semanas hospitalizado o aislado, sin necesidad. Daños personales, familiares, económicos, laborales, también de salud colaterales, ¿Quién repara todo esto?

PCR convencional (RT-PCR) y PCR en tiempo real (qPCR o (rt)PCR)

La PCR es una técnica para amplificar ADN. Pero hay muchos virus que tienen genoma de ARN, como es el caso del SARS-CoV-2. ¿Quiere esto decir que la técnica no vale para ellos? Sí, sí que vale, si se introduce un pequeño paso. Tras aislar y purificar el ARN, se emplea transcriptasa inversa o RT para sintetizar una molécula de ADN complementario, que sirve de ADN de partida para la PCR convencional. Es lo que se denomina RT-PCR.

Las PCR en tiempo real tiene mayor sensibilidad y resolución que el PCR convencional y además **permiten medir la carga viral en el sujeto al que se le realiza la prueba.**

El doctor Daniel Carnevali, jefe del servicio de Medicina Interna del Hospital Universitario Quirónsalud Madrid, precisa que, "la prueba PCR determina si existe o no presencia del virus, pero no la cantidad de virus que posee el paciente, lo que denominamos *carga viral*. La prueba de carga viral de SARS-CoV-2 por ahora sólo se puede determinar en centros de investigación, pero no en la clínica".

https://www.elindependiente.com/vida-sana/2020/08/17/conoce-las-dos-mejores-pruebas-de-deteccion-de-la-COV!D-I9/

Jose María Molero, portavoz del Grupo de Infecciosas de la Sociedad Española de Medicina de Familia y Comunitaria (semFYC) en declaraciones a EFE Salud: "La PCR no mide el virus, mide una parte del virus, y como el virus queda acantonado en las células de las vías respiratorias, es muy probable que la prueba siga dando positiva porque hay restos todavía de esas células que se van eliminando con el paso del tiempo. Por lo tanto, el paciente puede dar positivo en una prueba, pero eso no significa que haya virus activo o lo que se denomina virus infecto".

https://www.efesalud.com/transmision-coronavirus-carga-viral

Óscar Zaragoza, investigador del Centro Nacional de Microbiología del Instituto de Salud Carlos III, respecto a las pruebas PCR: "El hecho de detectar el material genético puede ser debido a que el microorganismo (o el virus) esté presente o a que haya restos en la muestra clínica sin que esté vivo. Una PCR positiva no garantiza la viabilidad ni infectividad del virus".

https://www.newtral.es/natalia-prego-video-pcr-falso-enganoso/20200724/

¿Cuántos de los positivos actuales, corresponden a cargas virales mínimas sin capacidad de contagio?

Sin cualificar estos positivos, el número de positivos al que los medios de comunicación tratan como si se hubiera abierto la caja de pandora, no tiene ningún valor.

Laboratorios y Kits PCR

A fecha 18 de Agosto de 2020 en España se llevaban realizados alrededor de unos 8.000.000 de test PCR. En su momento y tomando como fecha de referencia el 6 de mayo, adicionalmente se habrían hecho algo más de 4.000.000 de los denominados test rápidos. Los test PCR pueden encontrarse en el mercado actual entre los 25 y 80 euros. En clínicas privadas, el coste de hacerte una PCR puedo oscilar entre los 100 y los 140 euros. **Cui bono.**

CerTest Biotec, Altona Diagnostics, Creative Diagnostics, LabCorp, son algunos, de los muchos laboratorios que ofrecen "Kits PCR" para la realización de pruebas C0V!D.

CerTest Biotec es una empresa española que ofrece al mercado el producto *VIASURE SARS-CoV-2 S gene Real Time PCR Detection Kit*. https://www.certest.es/es/viasure/ . Lo primero que pone la ficha técnica o prospecto del Kit es lo siguiente: "El kit de detección de PCR en tiempo real del gen VIASURE SARS-CoV-2 está diseñado **para la identificación** y diferenciación del nuevo coronavirus 2019 (SARS-CoV-2) en muestras respiratorias de **pacientes con signos y síntomas** de la infección por COV!D-I9. **Esta prueba está destinada a ser utilizada como ayuda** en la identificación en el diagnóstico de COV!D-I9 en combinación con los signos y síntomas clínicos del paciente y los factores de riesgo epidemiológicos".

Altona Diagnostics es un laboratorio alemán con sede en Hamburgo, que ofrece al mercado norteamericano el producto *RealStar® SARS-CoV-2 RT-PCR Kit U.S.* https://www.fda.gov/media/137252/download

En la documentación técnica del producto, en el *Intended Use* se expone:

VIASURE Real Time PCR Detection Kits

ENGLISH

1. Intended use

VIASURE SARS-CoV-2 S gene Real Time PCR Detection Kit is designed for the specific identification and differentiation of 2019 Novel Coronavirus (SARS-CoV-2) in respiratory samples from patients with signs and symptoms of COVID-19 infection. This test is intended to be used as an aid in the identification in the diagnosis of COVID-19 in combination with patient's clinical signs and symptoms and epidemiological risk factors. The assay uses the BD MAX™ System for automated extraction of RNA and subsequent real-time PCR employing the reagents provided combined with universal reagents and disposables for the BD MAX™ System. RNA from respiratory specimens is detected using fluorescent reporter dye probes specific for SARS-CoV-2.

Intended use. Ficha del producto Viasure Real Time PCR Detection Kit. Fuente: CerTest Biotec

"Un resultado positivo indica la presencia de ARN SARS-CoV-2 en el sujeto, pero para determinar el estado real del mismo, es necesario contrastar el resultado con otra información clínica". También recoge que los resultados positivos no descartan la infección bacteriana o coinfección con otros virus. Al igual que un resultado negativo no puede usarse como la única base para determinar que el sujeto no está infectado.

RealStar® SARS-CoV-2 RT-PCR Kit U.S.

1. Intended Use

The RealStar® SARS-CoV-2 RT-PCR Kit U.S. is a real-time RT-PCR test intended for the qualitative detection of nucleic acid from SARS-CoV-2 in nasopharyngeal swabs, oropharyngeal (throat) swabs, anterior nasal swabs, mid-turbinate nasal swabs, nasal washes and nasal aspirates from individuals who are suspected of COVID-19 by their healthcare provider. Testing is limited to laboratories certified under the Clinical Laboratory Improvement Amendments of 1988 (CLIA), 42 U.S.C. §263a, to perform high complexity tests.

Results are for the identification of SARS-CoV-2 RNA. SARS-CoV-2 RNA is generally detectable in respiratory specimens during the acute phase of infection. Positive results are indicative of the presence of SARS-CoV-2 RNA; clinical correlation with patient history and other diagnostic information is necessary to determine patient infection status. Positive results do not rule out bacterial infection or co-infection with other viruses. Laboratories within the United States and its territories are required to report all positive results to the appropriate public health authorities.

Negative results do not preclude SARS-CoV-2 infection and should not be used as the sole basis for patient management decisions. Negative results must be combined with clinical observations, patient history, and epidemiological information.

Intended Use. Ficha RealStar SARS-CoV-2 RT-PCR Kit. Fuente: Altona Diagnostics

Creative Diagnostics es un empresa norteamericana que ofrece al mercado el producto *SARS-CoV-2 Coronavirus Multiplex RT-qPCR Kit.*

https://www.creative-diagnostics.com/pdf/CD019RT.pdf

En la ficha del producto, lo primero que se recoje, es "Este producto es para uso exclusivo en investigación y no para uso diagnóstico" y en el *Intended Use* expone, que "el producto está destinado a la detección del nuevo coronavirus 2019 (2019-nCoV). El resultado de la detección de este producto es solo para referencia clínica **y no debe usarse como la única evidencia para el diagnóstico y tratamiento clínicos**".

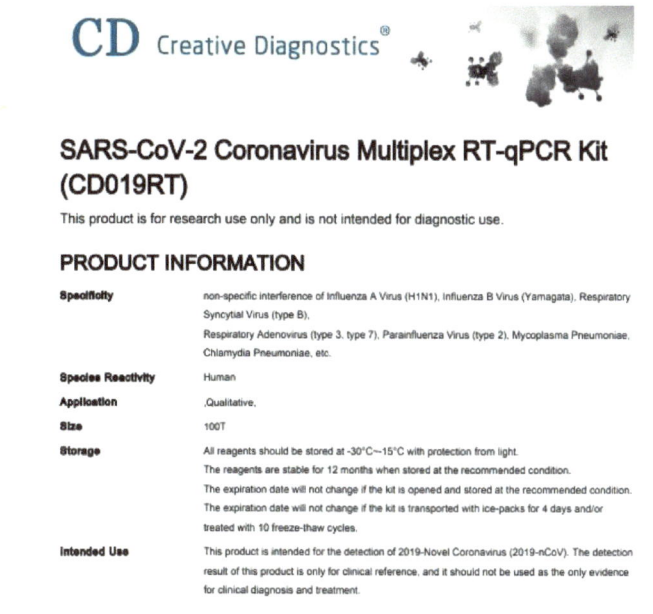

Ficha de producto SARS-CoV-2 Coronavirus Multiplex RT-qPCR Kit. Fuente: Creative Diagnostics

LabCorp es un laboratorio norteamericano que pone a disposición test PCR tanto para particulares, que puedan recoger sus propias muestras y enviarlas para su proceso al laboratorio tras una recomendación médica, como para empresas o instituciones que traten a potenciales pacientes de la COVID-I9.

https://www.pixel.labcorp.com/sites/default/files/COV!D-I9-patient-facts.pdf?v=1

https://www.pixel.labcorp.com/sites/default/files/COV!D-I9-healthcare-provider-facts.pdf?v=1

El producto que ofrecen al mercado se denomina *LabCorp's COV!D-I9 RT-PCR Test* y de su ficha de producto, se desprenden varios aspectos interesantes:

- Son Test recomendados para pacientes que tengas síntomas compatibles C0V!D.
- Que los resultados de las pruebas de laboratorio siempre deben considerarse en el contexto de las observaciones clínicas y epidemiológicas.
- **Alertan de la posibilidad de falso positivo** y las implicaciones e incovenientes que ese falso positivo puede deparar en un paciente (aislamiento, monitorización en casa, rastreo de sus contactos, limitaciones laborales, limitaciones en sus relaciones familiares y sociales, tratamientos no adecuados…)
- Advierten que un resultado negativo no debe tomarse como la única razón para descartar que un paciente pueda estar infectado.

Reflexión: Las implicaciones e inconvenientes de un falso positivo son tan grandes para el sujeto, que las autoridades sanitarias deberían cuidarse mucho de repartir positivos como si fueran caramelos.

En general, los test PCR, están pensados para hacerlos a personas con síntomas compatibles C0V!D. Tan es así, que es el 24 de Julio de 2020, en Estados Unidos, cuando la FDA (*) **autorizó la primera prueba de diagnóstico para personas sin síntomas COV!D-I9.**

(*) La FDA, U.S. Food and Drug Administration, es la agencia dentro del Departamento de Salud y Servicios Humanos de Estados Unidos encargada de proteger la salud pública al garantizar la seguridad, efectividad y seguridad de los medicamentos, vacunas y otros productos biológicos para uso humano y dispositivos médicos para humanos y veterinarios .

"La autorización de la FDA de la primera prueba de diagnóstico que se utilizará para cualquier persona, independientemente de si muestran síntomas de COV!D-I9 o tienen otros factores de riesgo de exposición, es un paso hacia el tipo de detección amplia que puede ayudar a permitir la reapertura de las escuelas y centros de trabajo ", dijo el comisionado de la FDA, Stephen M. Hahn.

https://www.fda.gov/news-events/press-announcements/coronavirus-COVID-19-update-fda-authorizes-first-diagnostic-test-screening-people-without-known-or

Positive Predictive Value (PPV).

El PPV indica la probabilidad de que una persona con un resultado positivo de la prueba sea verdaderamente "positivo".

El desarrollo de este concepto y sus cálculos se aplica a pruebas de todo tipo. Los conceptos y fórmulas sobre los que se soporta, en el caso de los test PCR, para la detección del SARS-CoV-2, son:

- **La prevalencia** del virus en la población general. En España, disponemos del valor 5,2% que se obtuvo del estudio de seroprevalencia que hizo el Ministerio de Sanidad en el mes de mayo.

- **La especificidad** de la prueba PCR. Porcentaje de personas sin enfermedad, en las cuales la prueba es correctamente "negativa" (una prueba con una especificidad del 95% da incorrectamente un resultado positivo en 5 de cada 100 personas no infectadas). El 95% es la especificidad que se estima para los test PCR.

- **La sensibilidad** de la prueba PCR. Porcentaje con el que una persona enferma da positivo. Una sensibilidad de la prueba del 84% identifica 84 de cada 100 infecciones.

Una alta sensibilidad con una baja especificidad daría muchos falsos positivos.

La sensibilidad de las pruebas PCR según el Instituto Robert Koch (https://www.rki.de) y The British Medical Journal (https://www.bmj.com) oscila entre el 71 y el 98%. Para el desarrollo de los cálculos en España, hemos determinado el valor intermedio del 84%.

- Prevalencia: 5,2%
- Sensibilidad: 84%
- Especificidad: 95%

PPV= (Sensibilidad x Prevalencia) /((Sensibilidad x Prevalencia) + (1-Especificidad))* (1-prevalencia)

El Ratio de Falsos Positivos (FDR) sería:

FDR=1-PPV

Aplicamos los valores dado a la fórmula PPV:

PPV =(0,84*0,052)/((0,84*0,052)+((1-0,95)* (1-0,052)))

PPV= 0,4796

FDR=1-0,4796=0,5204

En porcentaje =52,04%

Con los valores de prevalencia del estudio de seroprevalencia y unas pruebas PCR con una sensibilidad del 84% y una especificidad del 95%, estaríamos hablando de que el **52,04% de los positivos, son falsos positivos.**

Podemos hacer una simulación y pensar que dado que han pasado dos meses desde el estudio de seroprevalencia, un mayor número de ciudadanos se ha "contagiado" y duplicamos el valor del estudio al 10,4%, que supondría decir que más de 6,5 millones de españoles han "interiorizado" el virus.

Bajo esta premisa y manteniendo los datos de sensibilidad y especificidad, el porcentaje se iría al

PPV =(0,84*0,104)/((0,84*0,104)+((1-0,95)* (1-0,104)))

PPV= 0,6610

FDR = 1-0,6610 – 0,339, **33,90% de falsos positivos**.

Negative predictive value

También podríamos calcular los falsos negativos. En este caso, la fórmula que se aplicaría, sería:

NPV=(especificidad x (1-prevalencia))/((especificidad x (1-prevalencia))+((1-sensibilidad)*prevalencia))

NPV=(0,95*(1-0,052))/((0,95*(1-0,052))+((1-0,84)*0,052))

NPV=0,9908

FOR (falsos negativos)= 1-0,9908= 0,0092

Bajo estas premisas, **el 0,92% de las pruebas PCR darían falsos negativos**

Si la prevalencia la lleváramos al 10,4%

El resultado que obtendríamos es el siguiente:

NPV=(0,95*(1-0,104))/((0,95*(1-0,104))+((1-0,84)*0,104))

NPV=0,9808

FOR= 1-0,9808=0,0192, **el 1,92% de falsos negativos.**

Con las pruebas PCR que se están realizando y la situación de prevalencia (entre el 5,2% y el 10,4%) en la que se puede encontrar España, los falsos positivos podrían ir desde el 33,90% al 52,04% y los falsos negativos, del 1,92% al 0,92%.

Desde un punto de vista clínico, el número de falsos negativos, es decir, personas que **Sí** tienen el virus, pero no se le ha detectado a través de la prueba PCR ,es muy, muy bajo, sin embargo, el número de personas con falsos positivos, es muy, muy alto.

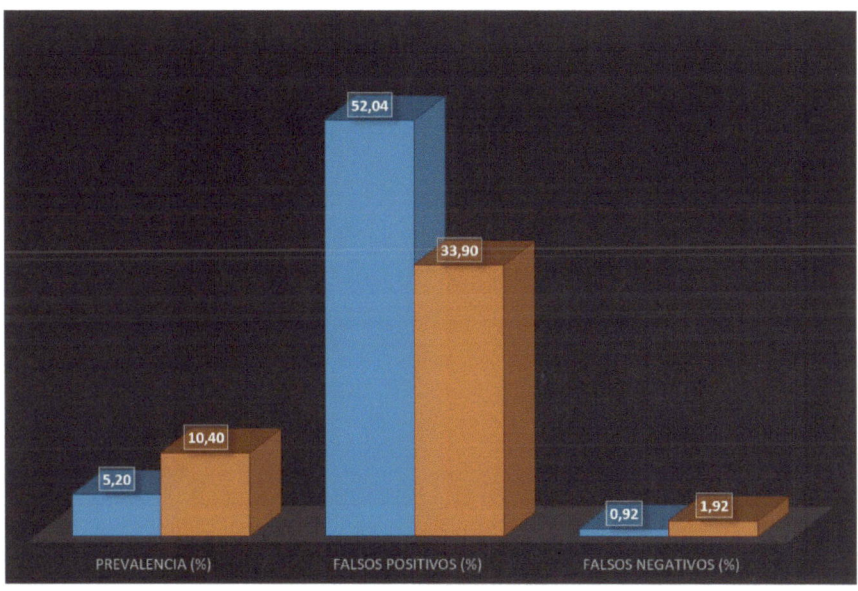

Falsos positivos y negativos en función de la prevalencia. Elaboración propia

Referencias del estudio:

https://www.bmj.com/content/369/bmj.m1808

https://www.aerzteblatt.de/archiv/214370/PCR-Tests-auf-SARS-CoV-2-Ergebnisse-richtig-interpretieren

https://www.ncbi.nlm.nih.gov/books/NBK430867/#:~:text=For%20a%20mathematical%20explanation%20of,x%20(1%20%E2%80%93%20prevalence))%20%5D

Al inicio del capítulo, formulábamos la pregunta **¿son fiables las PCR?**

He tratado de aportar la información de la manera más objetiva y documentada posible para que puedas darte una respuesta.

Asintomáticos

Asintomático, es un término que se utiliza en la medicina para nombrar a algo o alguien que no presenta síntomas de enfermedad.

Un síntoma, en el ámbito de la salud, corresponde a un fenómeno que revela la existencia de una disfunción en el organismo de un sujeto. Sintomatología sería por tanto, el conjunto de síntomas que identifica la existencia de una enfermedad en una persona.

El tema de los asintomáticos, en esta etapa, la que hemos venido a llamar fase de rebrotes, se está convirtiendo en un Expediente X. Se están haciendo miles de PCRs cada día en España. De los casos positivos que aparecen, un porcentaje altísimo (del 70 al 85% según comunidades) son considerados asintomáticos, personas que no tienen síntoma alguno, pero que han de someterse al protocolo sanitario establecido para la COVID-I9. Los Centros para el Control y la Prevención de Enfermedades recomiendan el aislamiento durante al menos 10 días y comunicar los contactos estrechos (2 metros y al menos 15 minutos) con los que haya podido estar desde 2 días antes de la prueba PCR que dio positivo.

La controversia sobre si un asintomático puede trasmitir la infección a otro sujeto es un hecho.

Como ya hemos visto, un positivo en una PCR, para una persona sin síntomas, no debería ser la única prueba para determinar que esa persona está "enferma". Los propios laboratorios que suministran las PCR, así lo recojen en sus fichas de producto. Al mismo tiempo el porcentaje de potenciales falsos positivos es muy alto, dada la situación de prevalencia que hay en España y las características de sensibilidad y especificidad de las PCR. Con lo que la duda sobre el papel que desempeñan en esta crisis de salud, los positivos asintomáticos, sigue presente, aunque los medios de comunicación soslayen este tema, que para mí es crUCIal, en la determinación del alcance de esta crisis sanitaria, social y económica que estamos viviendo.

La OMS ya hemos visto que varió el protocolo para altas, NO haciendo necesario un segundo PCR ante la evidencia que una carga viral mínima podía continuar dando positivo en un sujeto, sinque ésta (la carga viral) tuviese capacidad de infectar a otros sujetos.

No hay estudios que reflejen la capacidad de transmisión de la enfermedad por parte de los asintomáticos. De repente aparece una noticia en algún medio de comunicación de que los asintomáticos pueden ser hasta "supercontagiadores", se publica una infografía de cómo transmiten el virus, la información se replica de forma continuada y ya se ha creado un axioma: "los asintomáticos contagian". No necesita demostración.

Los bandazos de la OMS, respecto a este tema, generan cuanto menos, sospechas en el sesgo de la información que transmiten. Y como ya se sabe, el sego de la información es manipulación de la misma.

El lunes 3 de agosto, en una conferencia de prensa, Maria van Kerkhove, jefa de la unidad de zoonosis y enfermedades emergentes de la OMS, dijo que "a partir de los datos que tenemos", los infectados asintomáticos no transmiten de manera importante el coronavirus como se creía anteriormente. **"A partir de los datos que tenemos".**

Horas después y no es difícil de imaginar, que ante el revuelo a nivel mundial que estas declaraciones había generado, debieron llegar los toques de atención y tanto la OMS como la propia María van Kerkhove recularon. La OMS, a nivel instituCIonal, dijo que todavía no se sabía mucho del tema, (¿a qué esperan?, me pregunto yo) y la propia María van Kerhove, a pesar de reiterar que la mayor parte de la transmisión del virus, se da en pacientes con síntomas, el asunto de la transmisión por parte de los asintomáticos es un tema complejo y que la OMS no tiene todavía la respuesta.

Para reforzar la teoría de la conspiración, uno se imagina los teléfonos de la industria farmacéutica echando humo, trasladando a la OMS el mensaje "que nos cerráis el negocio".

Aunque en el capítulo siguiente presentaremos un estudio detallado de datos, respecto a la evolución real de la incidencia sanitaria en los últimos dos meses, desde el fin del estado de alarma, con la información de que disponemos, vamos a realizar una reflexión de datos, con un ejemplo:

La consejería de Salud del País Vasco, el 11 de agosto, hace públicos una serie de datos sobre la evolución de la COV!D-19 del 1 al 6 de agosto.

El 1 de Julio el País Vasco tenía 13.792 casos confirmados. El 6 de agosto 17.411 (Fuente: Ministerio de Sanidad). Un diferencial de 3.619.

Por otra parte, dan la cifra de un 81% de asintomáticos y un 17% de casos con sintomatología leve.

Es decir, 2.932 personas con PCR positivo no tienen síntomas, 615 presentan sintomatología leve y 72 personas presentan una sintomatología más aguda.

El Ministerio de Sanidad, para ese periodo de tiempo, en el País Vasco, publica:

- 46 hospitalizaciones en planta
- 3 Ingresos en UCI
- 3 fallecidos por C0V!D.

Los decesos totales en el País Vasco, en ese periodo de tiempo, son 1.616. Fallecidos C0V!D por tanto, un 0,19% del total.

El porcentaje de falsos positivos que calculamos, oscilaba entre el 33.90% y el 52,04%. Si cogemos un estadio intermedio, el 42,97% y lo aplicamos al total de asintomáticos, nos encontramos con que el número de falsos positivos se situaría en los 1.260, quedando por tanto **1.672 positivos reales.**

Tomando este dato como referencia, los porcentajes de incidencia sanitaria por **casos confirmados** serían los siguientes:

- Sintomáticos: 36,78%
- Asintomáticos: 63,22%
- Hospitalización en planta: 2,75%
- Ingresos en UCI: 0,18%
- Fallecimientos (Letalidad): 0,18%
- Aislamiento, tratamiento en casa y monitorización Atención Primaria: 97,07%

Ese 11 de agosto, cuando se publican estos datos, el presidente de la comunidad autónoma del País Vasco, hablaba del establecer "el toque de queda" y unos días después, declaraba el "estado de emergencia" en la region.

Sonaría a chiste sino fuera por la restricción de derechos que esto supone. En realidad, el aceptar esta situación por parte de los ciudadanos, supone el asumir que las autoridades puedan restringir derechos con la excusa de la salud pública en cualquier momento y por cualquier razón. Estos datos no representan ninguna situación crítica, en cuanto al sistema sanitario.

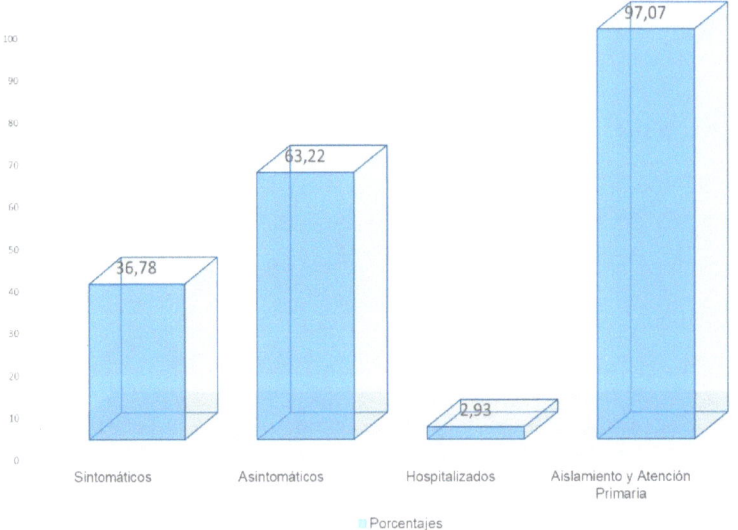

Porcentajes sobre casos confirmados. Elaboración propia

En la fase pandémica, hasta el 21 de Junio de 2020, los porcentajes en el País Vasco **sobre casos confirmados** de Hospitalización en Planta, Ingresos en UCI y Letalidad, fueron los siguientes:

- Hospitalización en Planta: 51,02%
- Ingresos en UCI: 4,22%

- **Letalidad: 11,34%**

Fuente: Datos calculados en base los datos facilitados por el Ministerio de Sanidad con fecha 21/06/2020

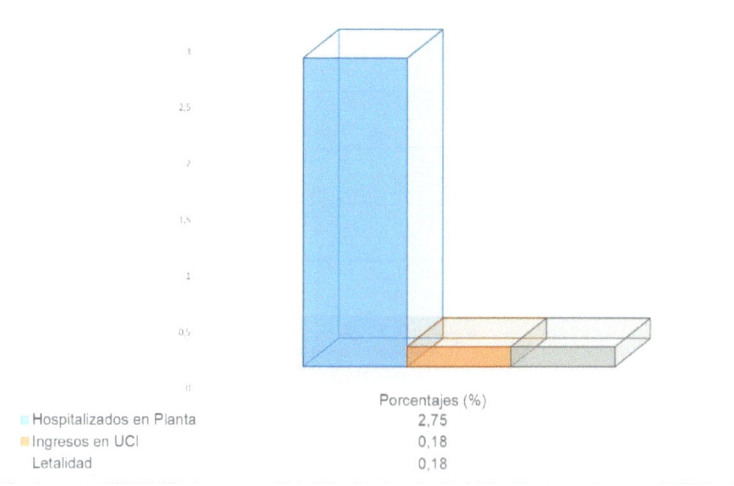

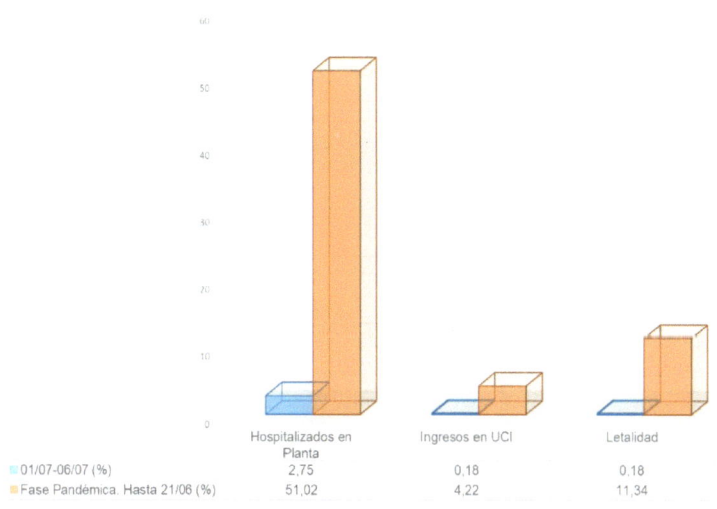

Incidencia Sanitaria. Elaboración propia

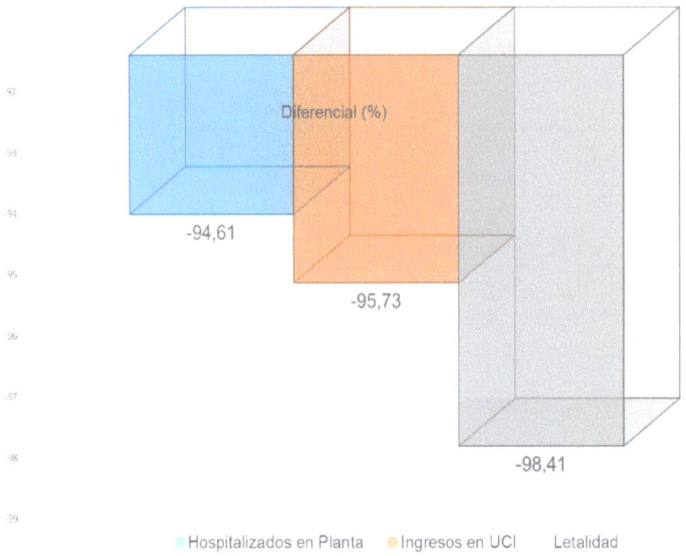

Diferencial porcentual entre periodos comparados

En los dos periodos analizados, en términos relativos, se han producido un 94,61% menos de hospitalizaciones en la fase rebrotes (01/07-06/08), un 95,73% menos de ingresos en UCIs y un 98,41% menos de fallecimientos.

Resumiendo, la incidencia sanitaria (hospitalizacicones, UCIs y Letalidad) en el País Vasco en este periodo es **un 96,25% menor** que en la fase pandémica.

¿Algún medio de comunicación, alguna autoridad, es capaz de coger lápiz y papel y comunicar algo más que MIEDO?

Si estos datos los llevamos a consumo de recursos sanitarios en forma de camas y UCIs ocupadas, nos encontramos con que en este periodo analizado, las 46 hospitalizaciones en planta que recoge el Ministerio de Sanidad, representan una ocupación de camas del 1,15% del total camas con las que cuenta el País Vasco (4.012, según su informe de 20/08/2020) y las tres UCIs ocupadas, el 0,54% del total de UCIs (en el entorno a las 550).

2,75% de hospitalizaciones por positivos reales (*)

0,18% de ingresos en UCI por positivos reales

0,18% de letalidad

1,15% de ocupación de camas

0,54% de ocupación de UCIs

(*) Si tomarámos en consideración el total de casos confirmados sin aplicarles la ponderación de falsos positivos, los porcentajes aún sería menores.

Es difícil imaginar una situación más normal que ésta, en la repercusión de una enfermedad en un sistema sanitario.

5 DOS MESES DESPUÉS

En este capítulo queremos analizar la situación, en cuanto a incidencia sanitaria, en la que se encuentra España, dos meses después del fin del estado de alarma. Vamos analizar el periodo 21/06/2020-20/08/2020.

La incidencia sanitaria va a englobar los datos referidos a Hospitalizaciones en Planta, Ingresos en UCI y Fallecimientos. Y vamos a analizar dicha incidencia bajo los siguientes prismas:

- Sobre casos confirmados
- Sobre recursos hospitalarios (camas y UCIs) disponibles

En primer lugar y para tener datos de referencia, analizamos la situación a fecha 21/06/2020 cuando finaliza el estado de alarma y el acumulado hasta el 21/07/2020.

	Total Casos Confirmados	Total Hospitalizaciones	Total Ingresos en UCI	Total Fallecidos	% Hospitalizaciones	% UCIs	Letalidad
Andalucía	12.884	6.317	789	1.426	49,03	6,12	11,07
Aragón	5.931	2.683	273	911	45,24	4,60	15,36
Asturias	2.435	1.117	129	333	45,87	5,30	13,68
Baleares	2.179	1.170	169	224	53,69	7,76	10,28
Canarias	2.414	953	185	162	39,48	7,66	6,71
Cantabria	2.344	1.054	80	216	44,97	3,41	9,22
Castilla La Mancha	17.965	9.408	660	3.022	52,37	3,67	16,82
Castilla y León	19.499	8.755	625	2.777	44,90	3,21	14,24
Cataluña	60.645	29.311	2.985	5.666	48,33	4,92	9,34
Ceuta	163	14	4	4	8,59	2,45	2,45
C. Valenciana	11.479	5.807	742	1.431	50,59	6,46	12,47
Extremadura	3.006	1.772	138	519	58,95	4,59	17,27
Galicia	9.174	2.935	336	619	31,99	3,66	6,75
Madrid	71.223	42.325	3.602	8.416	59,43	5,06	11,82
Melilla	124	45	3	2	36,29	2,42	1,61
Murcia	1.645	679	112	147	41,28	6,81	8,94
Navarra	5.381	2.044	136	528	37,99	2,53	9,81
País Vasco	13.708	6.994	578	1.555	51,02	4,22	11,34
La Rioja	4.073	1.488	91	365	36,53	2,23	8,96
Total España	**246.272**	**124.871**	**11.637**	**28.323**	**50,70**	**4,73**	**11,50**

Situación CCAA 21/06/2020. Fuente: Ministerio de Sanidad

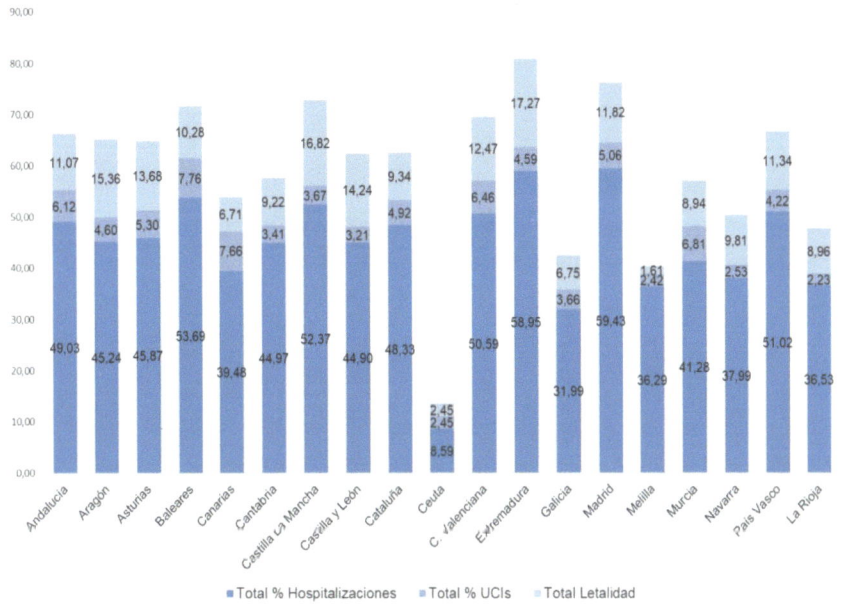

Incidencia Sanitaria CCAA acumulada 21/06/2020. Fuente de datos: Ministerio de Sanidad. Elaboración propia

	Total Casos Confirmados	Total Hospitalizaciones	Total Ingresos en UCI	Total Fallecidos	% Hospitalizaciones	% UCIs	Letalidad
Andalucía	14.041	6.408	800	1.435	45,64	5,70	10,22
Aragón	8.720	2.809	278	915	32,21	3,19	10,49
Asturias	2.447	1.119	129	334	45,73	5,27	13,65
Baleares	2.321	1.181	169	224	50,88	7,28	9,65
Canarias	2.553	956	187	162	37,45	7,32	6,35
Cantabria	2.405	1.060	80	217	44,07	3,33	9,02
Castilla La Mancha	18.484	9.507	664	3.033	51,43	3,59	16,41
Castilla y León	19.946	8.821	630	2.795	44,22	3,16	14,01
Cataluña	69.906	29.473	2.998	5.678	42,16	4,29	8,12
Ceuta	164	14	4	4	8,54	2,44	2,44
C. Valenciana	12.182	5.869	746	1.433	48,18	6,12	11,76
Extremadura	3.278	1.780	139	519	54,30	4,24	15,83
Galicia	9.520	2.955	338	619	31,04	3,55	6,50
Madrid	73.445	42.841	3.645	8.448	58,33	4,96	11,50
Melilla	129	46	3	2	35,66	2,33	1,55
Murcia	1.852	700	114	148	37,80	6,16	7,99
Navarra	5.956	2.058	137	529	34,55	2,30	8,88
País Vasco	14.717	7.027	581	1.563	47,75	3,95	10,62
La Rioja	4.128	1.489	91	366	36,07	2,20	8,87
Total España	**266.194**	**126.113**	**11.733**	**28.424**	**47,38**	**4,41**	**10,68**

Situación CCAA 21/07/2020. Fuente: Ministerio de Sanidad

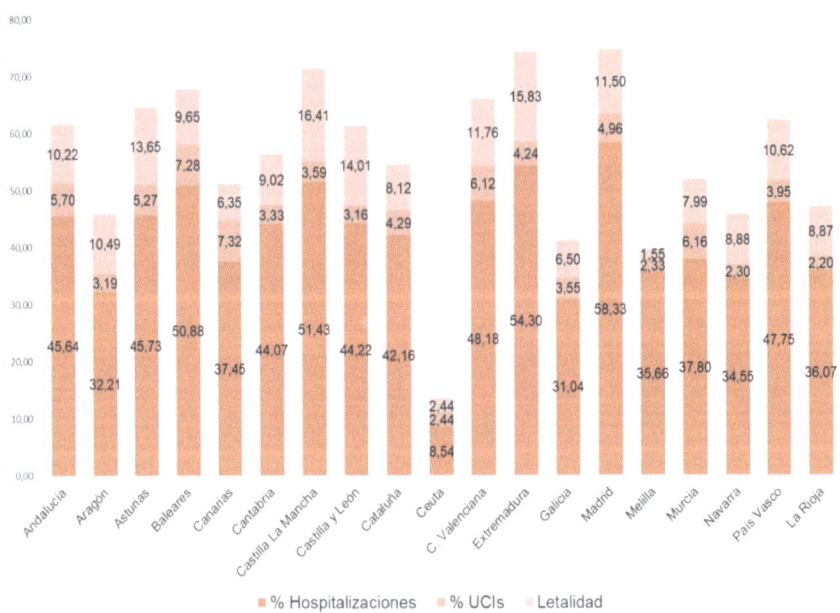

Incidencia Sanitaria CCAA acumulada 21/07/2020. Fuente de datos: Ministerio de Sanidad. Elaboración propia

Análisis Primer mes fuera del estado de alarma (21/06-21/07)

	Total Casos Confirmados	Total Hospitalizaciones	Total Ingresos en UCI	Total Fallecidos	% Hospitalizaciones	% UCIs	Letalidad
Andalucía	1.157	91	11	9	7,87	0,95	0,78
Aragón	2.789	126	5	4	4,52	0,18	0,14
Asturias	12	2	0	1	16,67	0,00	8,33
Baleares	142	11	0	0	7,75	0,00	0,00
Canarias	139	3	2	0	2,16	1,44	0,00
Cantabria	61	6	0	1	9,84	0,00	1,64
Castilla La Mancha	519	99	4	11	19,08	0,77	2,12
Castilla y León	447	66	5	18	14,77	1,12	4,03
Cataluña	9.261	162	13	12	1,75	0,14	0,13
Ceuta	1	0	0	0	0,00	0,00	0,00
C. Valenciana	703	62	4	2	8,82	0,57	0,28
Extremadura	272	8	1	0	2,94	0,37	0,00
Galicia	346	20	2	0	5,78	0,58	0,00
Madrid	2.222	516	43	32	23,22	1,94	1,44
Melilla	5	1	0	0	20,00	0,00	0,00
Murcia	207	21	2	1	10,14	0,97	0,48
Navarra	575	14	1	1	2,43	0,17	0,17
País Vasco	1.009	33	3	8	3,27	0,30	0,79
La Rioja	55	1	0	1	1,82	0,00	1,82
Total España	**19.922**	**1.242**	**96**	**101**	**6,23**	**0,48**	**0,51**

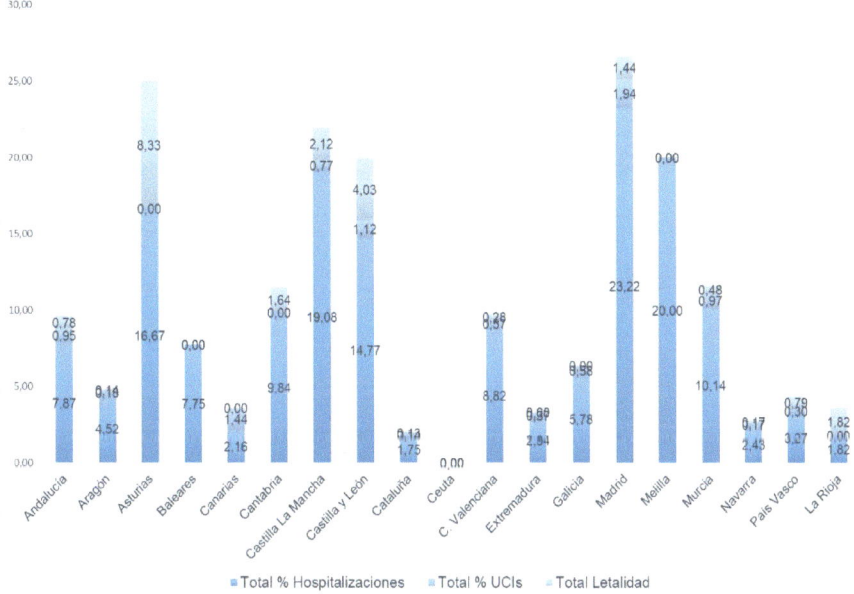

Incidencia sanitaria por casos confirmados. Periodo: 21/06-21/07. Elaboración propia

Podemos creador un **Indicador de Incidencia Sanitaria sobre casos confirmados (IIS)**, que promedie los porcentajes de los tres parámetros:

Índice Incidencia Sanitaria: (% Hospitalizaciones en Planta + % Ingresos en UCI + Letalidad)/3

Si los aplicamos a la situación en España el 21/06/2020 y a los datos exclusivos del periodo 21/06/2020-21/07/2020 podremos observar la evolución de la incidencia sanitaria en el primer mes fuera del estado de alarma, en lo que hemos venido a denominar, fase de rebrotes

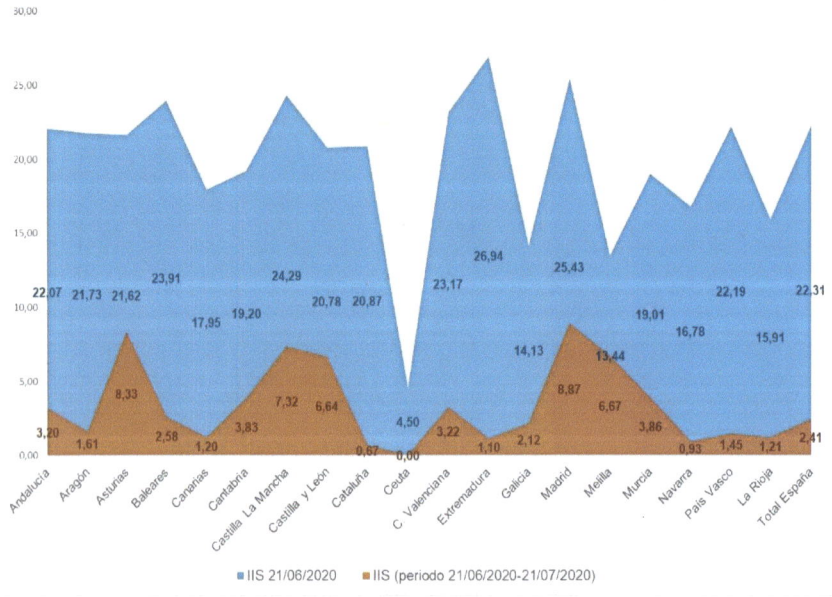

Comparativa indicador conjunto. Elaboración propia

Analizamos la incidencia sanitaria sobre recursos hospitalarios, en el primer mes fuera del estado de alarma (21/06-21/07)

Hospitalización en Planta. Camas

	Hospitalizaciones	Camas CCAA	% Ocupación de Camas
Andalucía	91	14.636	0,62
Aragón	126	3.821	3,30
Asturias	2	2.857	0,07
Baleares	11	3.000	0,37
Canarias	3	4.682	0,06
Cantabria	6	1.550	0,39
Castilla La Mancha	99	4.519	2,19
Castilla y León	66	5.051	1,31
Cataluña	162	22.744	0,71
Ceuta	0	169	0,00
C. Valenciana	62	10.844	0,57
Extremadura	8	2.625	0,30
Galicia	20	7.818	0,26
Madrid	516	13.105	3,94
Melilla	1	176	0,57
Murcia	21	2.125	0,99
Navarra	14	1.486	0,94
País Vasco	33	4.012	0,82
La Rioja	1	765	0,13
Total España	**1.242**	**107.814**	**1,15**

El número de camas, hace referencia al Sistema Nacional de Salud, con lo que si a estos datos se añadieran el resto de camas que no gestiona el SNS, el porcentaje de consumo de recursos sería menor.

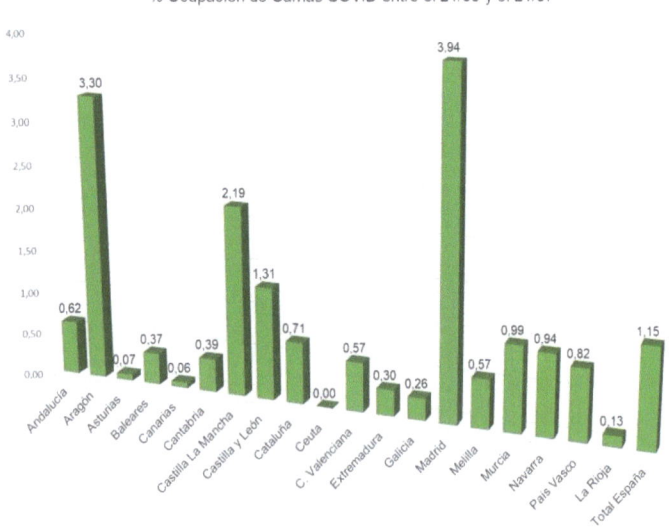

% Ocupación camas 21/06-21/07. Fuente: Ministerio de Sanidad. Elaboración propia

Excepto en Aragón, Castilla La Mancha, Castilla y León y la comunidad de Madrid, durante este primer mes, la ocupación de camas por pacientes C0V!D estuvo **por debajo del 1%.**

Ingresos en UCI

	Ingresos UCIs	UCIs CCAA	% Ocupación UCIs
Andalucía	11	1.200	0,92
Aragón	5	300	1,67
Asturias	0	61	0,00
Baleares	0	120	0,00
Canarias	2	595	0,34
Cantabria	0	64	0,00
Castilla La Mancha	4	300	1,33
Castilla y León	5	500	1,00
Cataluña	13	1.722	0,75
Ceuta	0	10	0,00
C. Valenciana	4	550	0,73
Extremadura	1	100	1,00
Galicia	2	274	0,73
Madrid	43	1.750	2,46
Melilla	0	10	0,00
Murcia	2	123	1,63
Navarra	1	156	0,64
País Vasco	3	550	0,55
La Rioja	0	61	0,00
Total España	**96**	**8.446**	**1,14**

Los datos del número de UCIs no están disponibles en ninguna fuente oficial, con lo que puede haber algunas diferencias con la realidad, en el momento que el lector afronte la lectura de esta parte. Esto es debido a la necesidad o no, por parte de los hospitales, de mantenerlas operativas. Los datos se basán en las publicaciones realizadas por diversos medios.

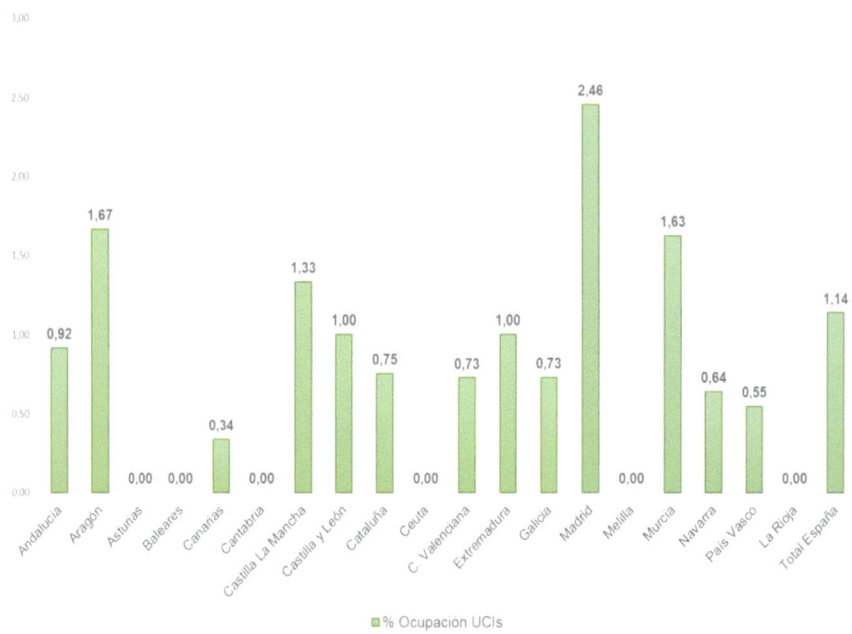

Ocupación UCIs. Elaboración propia

En 10 comunidades autónomas más Ceuta y Melilla, una incidencia de ocupación de UCIs por debajo del 1%, siendo el valor más alto, el correspondiente a Madrid con el 2,46%. La única comunidad que sobrepasa el 2% de incidencia.

Fallecimientos

Para el análisis de fallecimientos, vamos a tomar como referencia los fallecidos por comunidad autonóma de 2019. Calcularemos la media diaria de fallecidos C0V!D en este primer mes y la compararemos con la media diaria de fallecidos por comunidad autónoma para ver la repercusión que durante este mes han tenido los fallecidos C0V!D.

	Fallecimientos COVID	Media diaria	Fallecidos 2019	Media diaria 2019	% Diario Fallecidos COVID
Andalucía	9	0,30	70.403	192,88	0,16
Aragón	4	0,13	13.592	37,24	0,36
Asturias	1	0,03	12.893	35,32	0,09
Baleares	0	0,00	8.029	22,00	0,00
Canarias	0	0,00	15.657	42,90	0,00
Cantabria	1	0,03	6.011	16,47	0,20
Castilla La Mancha	11	0,37	19.444	53,27	0,69
Castilla y León	18	0,60	28.617	78,40	0,77
Cataluña	12	0,40	64.016	175,39	0,23
Ceuta	0	0,00	531	1,45	0,00
C. Valenciana	2	0,07	44.044	120,67	0,06
Extremadura	0	0,00	11.225	30,75	0,00
Galicia	0	0,00	31.232	85,57	0,00
Madrid	32	1,07	47.180	129,26	0,83
Melilla	0	0,00	488	1,34	0,00
Murcia	1	0,03	11.440	31,34	0,11
Navarra	1	0,03	5.556	15,22	0,22
País Vasco	8	0,27	21.569	59,09	0,45
La Rioja	1	0,03	3.143	8,61	0,39
Extranjero			2.555	7,00	
Total España	101	3,37	417.625	1.144,18	0,29

Durante los primeros 30 días después de la finalización del estado de alarma, del 21 de junio al 21 de Julio de 2020, la repercusión media diaria de fallecimientos C0V!D fue del **0,29% en el total de España**.

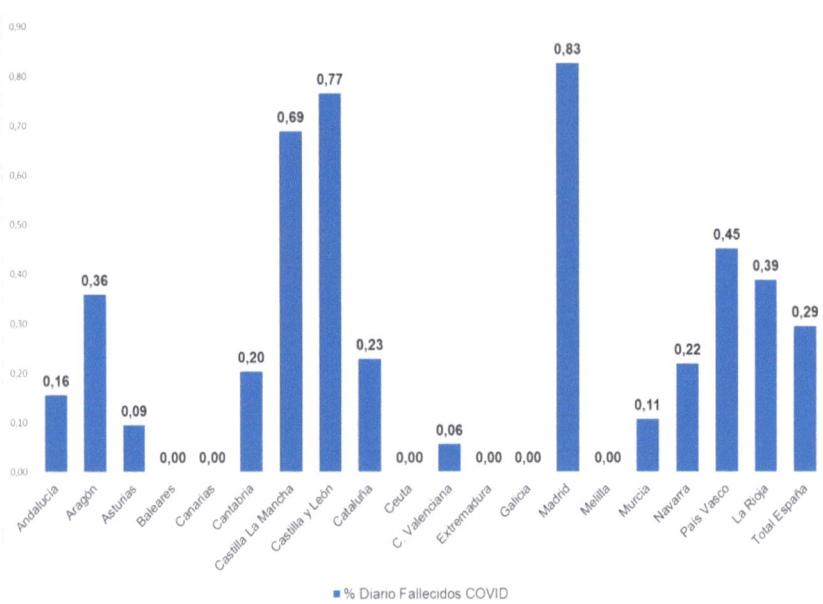

% Diario fallecidos C0V!D. Elaboración propia

Ninguna Comunidad Autónoma tuvo una incidencia superior al 1% y excepto Castilla la Mancha, Castilla y León y Madrid, todas las demás estuvieron por debajo de un 0,5% de fallecimientos C0V!D diario.

Transportamos los porcentajes de ocupación de camas, ocupación de UCIs y media diaria de fallecimientos C0V!D a una misma tabla de datos.

	% Ocupación de Camas	% Ocupación UCIs	% Diario Fallecidos COVID
Andalucía	0,62	0,92	0,16
Aragón	3,30	1,67	0,36
Asturias	0,07	0,00	0,09
Baleares	0,37	0,00	0,00
Canarias	0,06	0,34	0,00
Cantabria	0,39	0,00	0,20
Castilla La Mancha	2,19	1,33	0,69
Castilla y León	1,31	1,00	0,77
Cataluña	0,71	0,75	0,23
Ceuta	0,00	0,00	0,00
C. Valenciana	0,57	0,73	0,06
Extremadura	0,30	1,00	0,00
Galicia	0,26	0,73	0,00
Madrid	3,94	2,46	0,83
Melilla	0,57	0,00	0,00
Murcia	0,99	1,63	0,11
Navarra	0,94	0,64	0,22
País Vasco	0,82	0,55	0,45
La Rioja	0,13	0,00	0,39
Total España	**1,15**	**1,14**	**0,29**

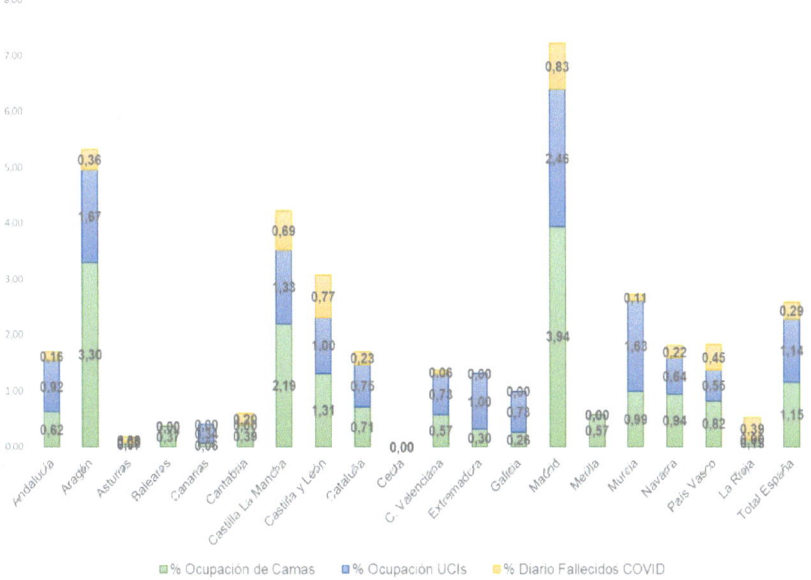

Incidencia conjunta por comunidad. Elaboración propia

	% Ocupación de Camas	% Ocupación UCIs	% Diario Fallecidos COVID	Letalidad
Andalucía	0,62	0,92	0,16	0,78
Aragón	3,30	1,67	0,36	0,14
Asturias	0,07	0,00	0,09	8,33
Baleares	0,37	0,00	0,00	0,00
Canarias	0,06	0,34	0,00	0,00
Cantabria	0,39	0,00	0,20	1,64
Castilla La Mancha	2,19	1,33	0,69	2,12
Castilla y León	1,31	1,00	0,77	4,03
Cataluña	0,71	0,75	0,23	0,13
Ceuta	0,00	0,00	0,00	0,00
C. Valenciana	0,57	0,73	0,06	0,28
Extremadura	0,30	1,00	0,00	0,00
Galicia	0,26	0,73	0,00	0,00
Madrid	3,94	2,46	0,83	1,44
Melilla	0,57	0,00	0,00	0,00
Murcia	0,99	1,63	0,11	0,48
Navarra	0,94	0,64	0,22	0,17
País Vasco	0,82	0,55	0,45	0,79
La Rioja	0,13	0,00	0,39	1,82
Total España	**1,15**	**1,14**	**0,29**	**0,51**

En este primer mes , después del estado de alarma, 12 Comunidades autónomas mas Ceuta y Melilla, los parámetros de **"%Ocupación de Camas, %Ocupación UCIs y %Diario Fallecidos C0V!D"** estuvieron **por debajo** o igual a 1. Añadiendo el parámetro de **Letalidad**, Andalucía, Baleares, Canarias, Cantabria, Cataluña, Ceuta, Comunidad Valenciana, Extremadura, Galicia, Melilla, Navarra y País Vasco dieron valores por debajo o igual a 1 en los 4 parámetros.

A pesar de estos valores, que denotan que hubo una **incidencia sanitaria ínfima, mínima** por la COV!D-I9, las comunidades autónomas, restringieron aún más los derechos de los ciudadanos.

Teniendo en cuenta que los datos de incidencia sanitaria de una enfermedad no los puedes llevar al 0 absoluto, a menos que no exista, era muy díficil bajar estos valores, ya estaban muy próximos a 0.

Un mes después, el 20 de agosto de 2020, los datos acumulados desde el inicio de la pandemia eran los siguientes:

	Total Casos Confirmados	Total Hospitalizaciones	Total Ingresos en UCI	Total Fallecidos	% Hospitalizaciones	% UCIs	Letalidad
Andalucía	22.107	6.825	833	1.456	30,87	3,77	6,59
Aragón	23.251	3.923	338	1.096	16,87	1,45	4,71
Asturias	2.933	1.128	130	334	38,46	4,43	11,39
Baleares	5.100	1.255	181	227	24,61	3,55	4,45
Canarias	4.114	1.084	202	166	26,35	4,91	4,04
Cantabria	3.240	1.124	87	221	34,69	2,69	6,82
Castilla La Mancha	20.828	9.546	672	3.038	45,83	3,23	14,59
Castilla y León	24.400	9.088	647	2.810	37,25	2,65	11,52
Cataluña	97.234	30.035	3.035	5.722	30,89	3,12	5,88
Ceuta	202	17	4	4	8,42	1,98	1,98
C. Valenciana	18.647	6.304	775	1.446	33,81	4,16	7,75
Extremadura	4.085	1.821	143	523	44,58	3,50	12,80
Galicia	11.638	3.095	349	625	26,59	3,00	5,37
Madrid	99.529	43.905	3.694	8.526	44,11	3,71	8,57
Melilla	217	53	3	2	24,42	1,38	0,92
Murcia	3.909	853	130	152	21,82	3,33	3,89
Navarra	8.454	2.170	148	532	25,67	1,75	6,29
País Vasco	23.228	7.103	583	1.566	30,58	2,51	6,74
La Rioja	4.790	1.507	91	367	31,46	1,90	7,66
Total España	**377.906**	**130.836**	**12.045**	**28.813**	**34,62**	**3,19**	**7,62**

Los porcentajes de hospitalización, ingreso en UCI y letalidad acumulada, estaban bajando vertiginosamente. El número de casos confirmados se había incrementado en el periodo 21/07-20/08 en 111.712. Es decir, que un 29,56% del total de positivos recogidos por el Ministerio de Sanidad se habían producido en los 30 días que van del 21 de Julio al 20 de agosto.

Estos positivos tenían la particularidad que, según también, lo comunicado por las autoridades sanitarias, hasta **el 85% eran asintomáticos.** Al aumentar el caso de positivos sin incidencia sanitaria, los porcentajes de ésta, bajaban considerablemente.

Extrayendo los datos de los dos meses después del fin del estado de alarma, la situación era la siguiente:

	Total Casos Confirmados	Total Hospitalizaciones	Total Ingresos en UCI	Total Fallecidos	% Hospitalizaciones	% UCIs	Letalidad
Andalucía	9.223	508	44	30	5,51	0,48	0,33
Aragón	17.320	1.240	65	185	7,16	0,38	1,07
Asturias	498	11	1	1	2,21	0,20	0,20
Baleares	2.921	85	12	3	2,91	0,41	0,10
Canarias	1.700	131	17	4	7,71	1,00	0,24
Cantabria	896	70	7	5	7,81	0,78	0,56
Castilla La Mancha	2.863	138	12	16	4,82	0,42	0,56
Castilla y León	4.901	333	22	33	6,79	0,45	0,67
Cataluña	36.589	724	50	56	1,98	0,14	0,15
Ceuta	39	3	0	0	7,69	0,00	0,00
C. Valenciana	7.168	497	33	15	6,93	0,46	0,21
Extremadura	1.079	49	5	4	4,54	0,46	0,37
Galicia	2.464	160	13	6	6,49	0,53	0,24
Madrid	28.306	1.580	92	110	5,58	0,33	0,39
Melilla	93	8	0	0	8,60	0,00	0,00
Murcia	2.264	174	18	5	7,69	0,80	0,22
Navarra	3.073	126	12	4	4,10	0,39	0,13
País Vasco	9.520	109	5	11	1,14	0,05	0,12
La Rioja	717	19	0	2	2,65	0,00	0,28
Total España	131.634	5.965	408	490	4,53	0,31	0,37

Los porcentajes de hospitalizaciones, UCIs y Letalidad, habían descendido respecto al primer mes, después del fin del estado de alarma.

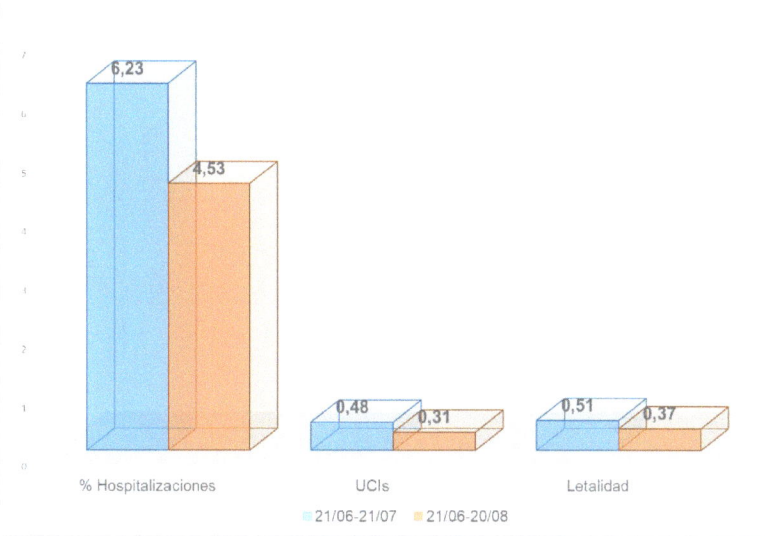

Sobre casos confirmados. Evolución periodos Fase rebrotes

Las diferencias entre las fase pandémica (inicio-21/06/2020) y la fase rebrotes (21/06-20/08) dibujaban dos comportamientos de la enfermedad radicalmente distintos.

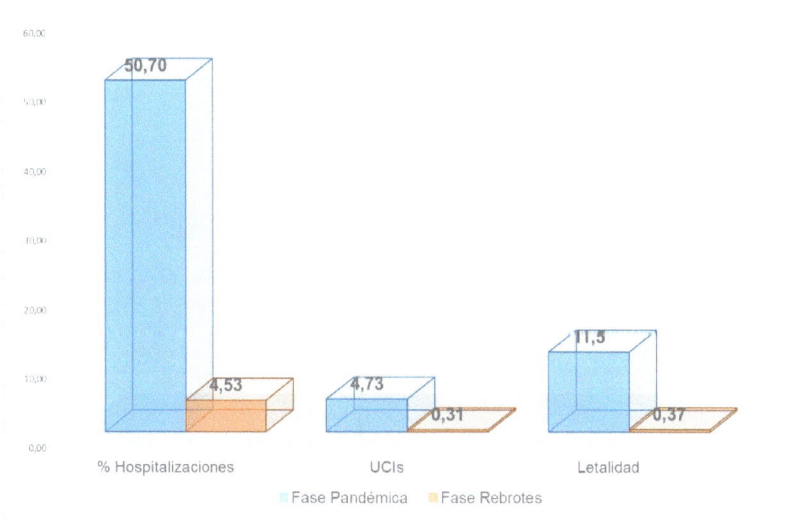

Sobre casos confirmados. Fase pandémica versus Fase rebrotes

Cuantificando la diferencia porcentual por comunidad autónoma entre ambas fases, en estos parámetros:

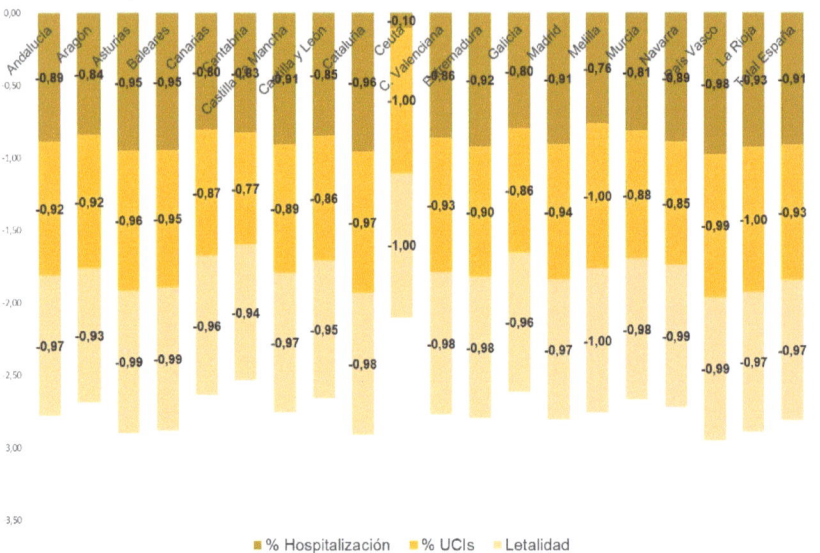

Diferencial parámetros CCAA entre fases

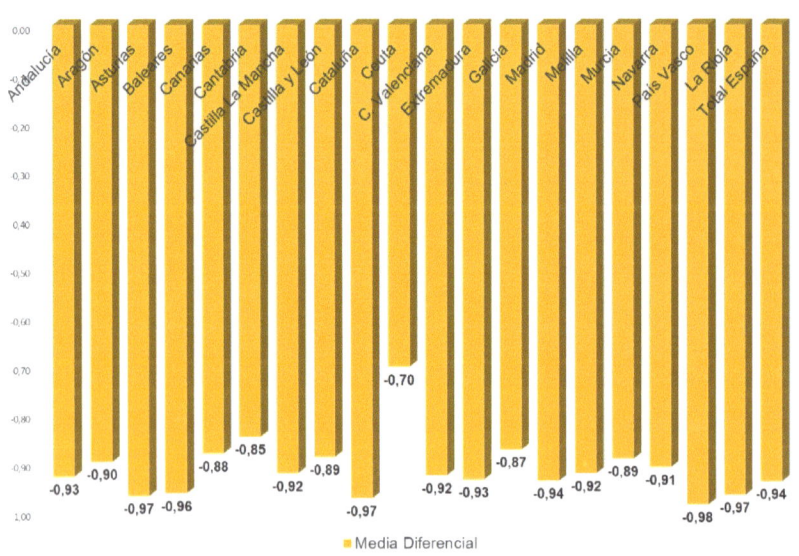

Diferencial conjunto parámetros entre fases por CCAA

Dejando a un lado el caso de Ceuta, en todas las CCAA, el diferencial medio entre la fase pandémica y la fase de rebrotes está por encima del 85% y en 12 de ellas por encima del 90%. En el conjunto de España, la fase de rebrotes a fecha de hoy (agosto 2020), tiene una incidencia sanitaria media menor, en un 94%, que la fase pandémica.

Y esto tiene sentido, porque de los 131.634 positivos en esta fase de rebrotes (2 meses) **solo el 4,84% ha necesitado de ingreso hospitalario**. Aquellos positivos con síntomas muy leves, que de media pueden entre el 10 y el 15%, pasan la enfermedad en casa.

Siguiendo con la exposición hecha en este mismo capítulo, cuando analizamos el primer mes, vamos a ver el consumo de recursos hospitalarios en el conjunto de esta fase.

El Ministerio de Sanidad, el día 20 de agosto facilitó el porcentaje de ocupación de camas de cada comunidad autónoma. También el número de UCIs con pacientes C0V!D.

A nivel global de España, los pacientes C0V!D ocupaban un 4,30% del total de camas disponibles y alrededor de un 6% del total de UCIs.

	Recursos Hospitalarios 20/08/2020	
	% Ocupación Camas	% Ocupación UCIs
Andalucía	2,20	3,33
Aragón	13,40	20,00
Asturias	0,70	4,92
Baleares	5,30	20,00
Canarias	2,20	2,18
Cantabria	2,00	6,25
Castilla La Mancha	2,70	3,67
Castilla y León	3,90	2,20
Cataluña	4,30	7,90
Ceuta	0,00	0,00
C. Valenciana	3,20	6,36
Extremadura	1,60	6,00
Galicia	1,10	2,55
Madrid	9,50	7,20
Melilla	3,40	0,00
Murcia	3,20	8,94
Navarra	3,50	3,85
País Vasco	8,30	4,91
La Rioja	1,70	3,28
Total España	**4,30**	**6,18**

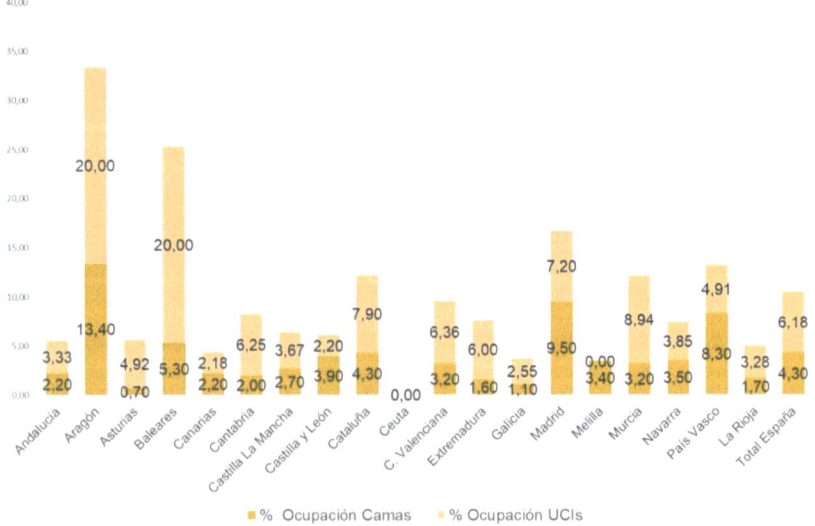

Ocupación camas y UCIs. Elaboración propia

La información proporcionada por el Ministerio de Sanidad, nos permitía observar la liberación de camas y UCIs que en los dos meses de fase de rebrotes se había producido.

VARIACIÓN OCUPACIÓN CAMAS PERIODO 21/06-20/08

	Hospitalizados 21/06-20/08	Camas Ocupadas	Variación Periodo
Andalucía	508	322	-36,61
Aragón	1.240	512	-58,71
Asturias	11	20	81,82
Baleares	85	159	87,06
Canarias	131	103	-21,37
Cantabria	70	31	-55,71
Castilla La Mancha	138	122	-11,59
Castilla y León	333	197	-40,84
Cataluña	724	978	35,08
Ceuta	3	0	-100,00
C. Valenciana	497	347	-30,18
Extremadura	49	42	-14,29
Galicia	160	86	-46,25
Madrid	1.580	1.245	-21,20
Melilla	8	6	-25,00
Murcia	174	68	-60,92
Navarra	126	52	-58,73
País Vasco	109	333	205,50
La Rioja	19	13	-31,58
Total España	**5.965**	**4.636**	**-22,28**

Aunque durante este periodo se han producido 5.965 hospitalizaciones, el volumen de camas ocupadas, al final del mismo, es un 22,28% inferior a los ingresos hospitalarios (a nivel global). El diferencial es la de **altas hospitalarias** dadas en este periodo de dos meses.

	Global Incidencia Sanitaria 21/06-20/08			
	% Ocupación Camas	% Ocupación UCIs	%Fallecimientos Diario	Letalidad
Andalucía	2,20	3,33	0,26	0,33
Aragón	13,40	20,00	8,28	1,07
Asturias	0,70	4,92	0,05	0,20
Baleares	5,30	20,00	0,23	0,10
Canarias	2,20	2,18	0,16	0,24
Cantabria	2,00	6,25	0,51	0,56
Castilla La Mancha	2,70	3,67	0,50	0,56
Castilla y León	3,90	2,20	0,70	0,67
Cataluña	4,30	7,90	0,53	0,15
Ceuta	0,00	0,00	0,00	0,00
C. Valenciana	3,20	6,36	0,21	0,21
Extremadura	1,60	6,00	0,22	0,37
Galicia	1,10	2,55	0,12	0,24
Madrid	9,50	7,20	1,42	0,39
Melilla	3,40	0,00	0,00	0,00
Murcia	3,20	8,94	0,27	0,22
Navarra	3,50	3,85	0,44	0,13
País Vasco	8,30	4,91	0,31	0,12
La Rioja	1,70	3,28	0,39	0,28
Total España	**4,30**	**6,18**	**0,71**	**0,37**

Integrando en una tabla, todos los parámetros que nos pueden dibujar una situación de conjunto, respecto a la incidencia sanitaria de cada comunidad autónoma, observamos que los dos únicos casos en que todos los parámetros están por encima de la media de España, son Aragón y Madrid.

En el caso de Aragón, con unos porcentajes muy altos en cuanto a la incidencia de la enfermedad en ocupación de camas, UCIs y repercusión diaria de fallecidos, aunque la letalidad sigue siendo baja (1,07%).

En el caso de Madrid, el dato más preocupante sería el de ocupación de camas (9,50%). Tanto la repercusión diaria de fallecidos como la Letalidad, aunque está por encima de la media de España, son valores muy bajos: 1,42% y 0,39% respectivamente.

Baleares y Murcia, con el dato de ocupación de UCIs (20% y 8,94% respectivamente) y País Vasco con el dato de ocupación de camas (8,30%), también están muy por encima de los valores medios.

Lo que sí hay que resaltar y mucho son los datos de repercusión diaria de fallecimientos y Letalidad.

La repercursión diaria de fallecimientos, que al final lo que nos muestra, es el porcentaje de fallecidos C0V!D, respecto al número medio de fallecidos diario, excepto en Aragón y Madrid (8,28% y 1,42% respectivamente), en todas las CCAA **está por debajo del 1%.**

El dato de Letalidad, muestra una enfermedad con muy poca mortalidad respecto al número de personas que la contraen. Excepto Aragón (1,07%), el resto de CCAA están por debajo del 1% y en 14 CCAA más Ceuta y Melilla, la Letalidad está por debajo del 0,5%.

Para entender la importancia o no de todos estos datos tendríamos que ponerlos en contraste con la incidencia sanitaria global que se produce habitualmente en España.

Morbilidad

Según el INE, el concepto de Morbilidad hace referencia a toda persona que haya ingresado en un centro hospitalario para ser atendida en régimen de internado.

En la último conjunto de datos de Morbilidad recogido por el INE, año 2018. En España la tasa de Morbilidad por 100.000 habitantes fue de 10.486, que para una población en ese año de 46,66 millones, supone, que alrededor de 4.890.000 personas ingresaron en un centro hospitalario en régimen de internado para ser atendidas. Es decir una media de 13.400 personas diarias.

En el periodo 21/06-20/08 han sido hospitalizadas 5.965 personas por C0V!D, lo que supone una media diaria de 99 personas. La influencia de hospitalizaciones C0V!D en la Morbilidad habitual en España sería de un **0,74%**. Si tomamos el dato del total de hospitalizaciones desde el incio de la pandemia hasta el 20 de agosto, 130.836 y para un número de días calculado del 1 de marzo al 20 de agosto de 173 días, nos encontramos con una media diaria de hospitalización de 756 personas, que representaría un **5,64%** de los ingresos hospitalarios diarios en España.

En el año 2018, atendiendo a los datos del INE, extraemos la morbilidad de 10, de los grupos de enfermedades más representativos:

AÑO 2018

CÓDIGO INE	ENFERMEDAD	Morbilidad	Pacientes Hospitalizados	Media Diaria Hospitalización	% sobre el total Morbilidad
0200	NEOPLASIAS	991	462.401	1.267	9,45
0500	TRANSTORNOS MENTALES Y DE COMPORTAM.	253	118.050	323	2,41
0600	ENFERM. SISTEMA NERVIOSO	259	120.849	331	2,47
0900	ENFERM. DEL APARATO CIRCULATORIO	1310	611.246	1.675	12,49
1000	ENFERM. DEL APARATO RESPIRATORIO	1359	634.109	1.737	12,96
1100	ENFERM. DEL APARATO DIGESTIVO	1306	609.380	1.670	12,45
1300	ENFERM. APARATO MUSCULOESQUELÉTICO ...	768	358.349	982	7,32
1400	ENFERM. DEL APARATO GENITOURINARIO	750	349.950	959	7,15
1500	COMPLICACIONES EMBARAZO, PARTO ...	911	425.073	1.165	8,69
1900	LESIONES TRAUMÁTICAS...	947	441.870	1.211	9,03

Y los comparamos con el porcentaje de morbilidad de la C0V!D, tanto, desde el inicio de la crisis, como en el periodo de rebrotes, con este grupo de 10 enfermedades:

CÓDIGO INE	ENFERMEDAD	% Morbilidad sobre
0200	NEOPLASIAS	9,45
0500	TRANSTORNOS MENTALES Y DE COMPORTAM.	2,41
0600	ENFERM. SISTEMA NERVIOSO	2,47
0900	ENFERM. DEL APARATO CIRCULATORIO	12,49
1000	ENFERM. DEL APARATO RESPIRATORIO	12,96
1100	ENFERM. DEL APARATO DIGESTIVO	12,45
1300	ENFERM. APARATO MUSCULOESQUELÉTICO ...	7,32
1400	ENFERM. DEL APARATO GENITOURINARIO	7,15
1500	COMPLICACIONES EMBARAZO, PARTO ...	8,69
1900	LESIONES TRAUMÁTICAS...	9,03
	COVID 01/03-20/08	5,64
	COVID 21/06-20/08	0,74

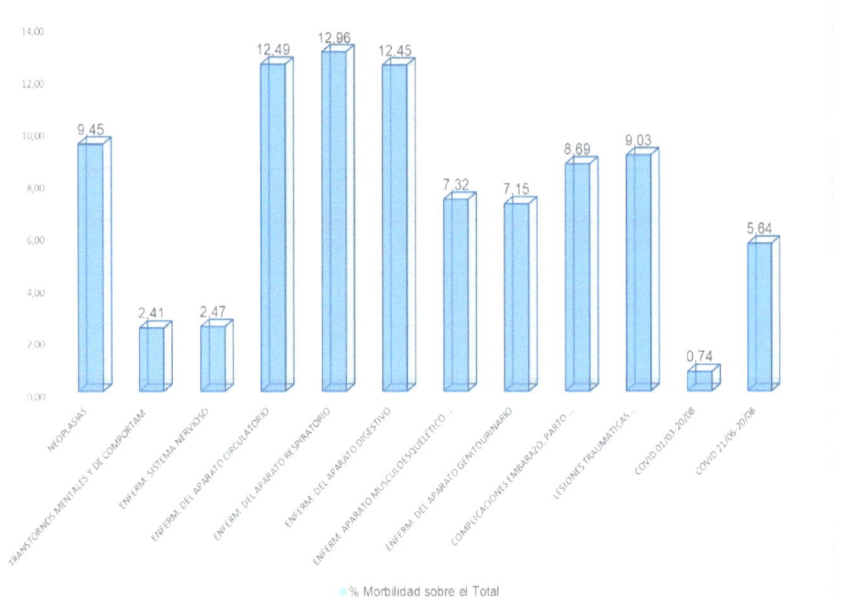

Morbilidad. Elaboración propia

En la fase de rebrotes, la repercusión de la morbilidad de la C0V!D sobre el conjunto de enfermedades está muy por debajo del grupo de 10 enfermedades seleccionadas. Tomando en consideración los datos desde el inicio de la pandemia, la C0V!D solo estaría por encima del grupo de Transtornos mentales y de Enfermedades del Sistema Nervioso. Hay 8 grupos de enfermedades con mayor repercusión en la Morbilidad que la COV!D-I9.

A continuación, vamos a ver las causas de fallecimientos habituales en España. Por seguir con el mismo año de referencia, vamos a trabajar con los datos del año 2018. El año 2018 se produjeron 427.721 defunciones. El año 2019,

417.625 y en los últimos años la evolución ha sido la siguiente:

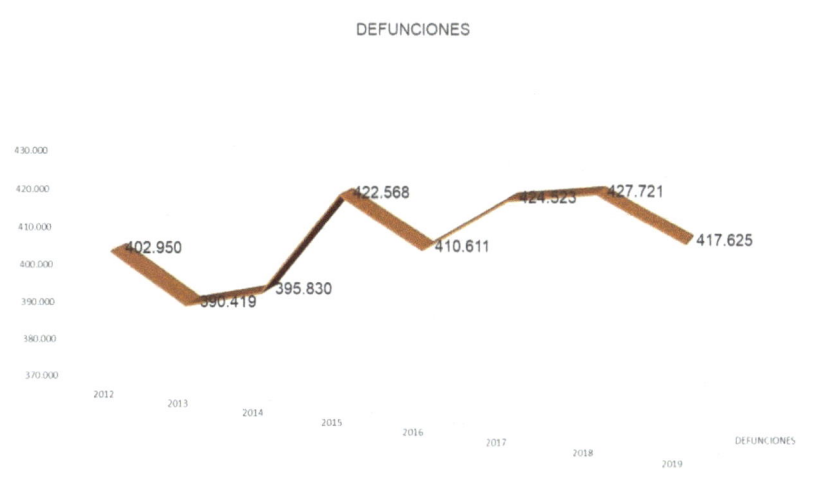

ENFERMEDAD	DEFUNCIONES	% SOBRE TOTAL FALLECIDOS	MEDIA DIARIA FALLECIDOS
NEOPLASIAS (TUMORES)	112.714	26,35	308,81
TRANSTORNOS MENTALES Y DE COMPORTAM.	22.376	5,23	61,30
ENFERM. SISTEMA NERVIOSO	26.279	6,14	72,00
ENFERM. DEL APARATO CIRCULATORIO	120.859	28,26	331,12
ENFERM. DEL APARATO RESPIRATORIO	53.607	12,53	146,87
ENFERM. DEL APARATO DIGESTIVO	21.689	5,07	59,42
ENFERM. DEL APARATO GENITOURINARIO	13.941	3,26	38,19
ENFERM. ENDOCRINAS, NUTRICIONALES	13.465	3,15	36,89
ENFERM. INFECCIOSAS	6.398	1,50	17,53
COVID 01/03-20/08 (Ministerio de Sanidad)	28.813	6,74	166,55
COVID 01/03-20/08 (Datos aproximados otras fuentes)	45.000	10,52	260,12
COVID 21/06-20/08	490	0,11	8,17

Observamos que la COVID-19 desde el inicio de la crisis, en valores absolutos, tanto si nos atenemos a los datos de fallecidos proporcionados por el Ministerio de Sanidad, como si tenemos en cuenta otras fuentes, también oficiales, como el Sistema MoMo o el propio INE, se sitúa por detrás de fallecidos por Enfermedades del Aparato Circulatorio, Tumores y Enfermedades del aparato respiratorio. A fecha de hoy y dado que el número de días de presencia de la C0V!D no es un año, en términos relativos de media diaria, sería la tercera enfermedad con mayor importancia.

Si tenemos en cuenta el comportamiento de fallecimientos de la C0V!D **solo en la fase de rebrotes**, observamos que es **la última causa** del grupo de enfermedades seleccionado.

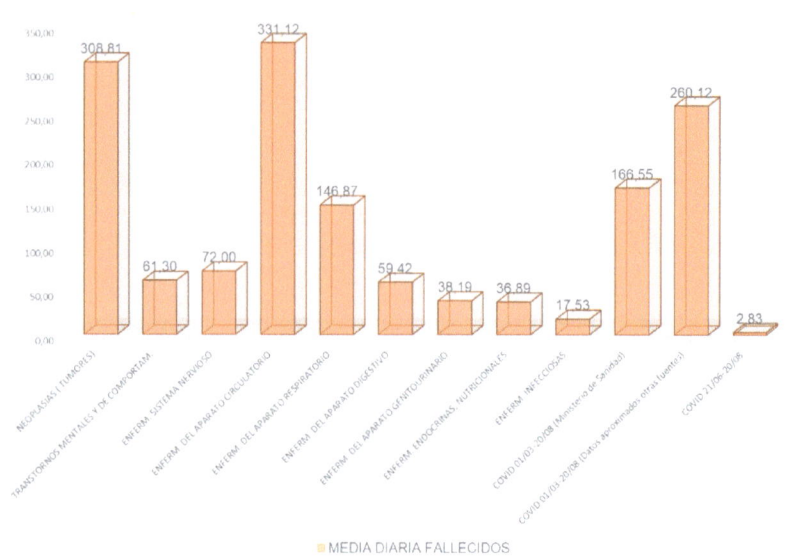

Comparación media diaria de fallecido por tipología de enfermedad. Elaboración propia

Pasamos una situación muy complicada los meses de marzo, abril y principios de mayo hasta que la situación generada por la C0V!D se estabilizó. Finalizamos el estado de alarma con una situación absolutamente controlada y con un comportamiento de la sociedad ejemplar. En realidad, excepto la movilidad de territorios se podía hacer una vida casi normal y a partir del fin del estado de alarma, con la apertura de movilidad entre territorios, la recepción de viajeros procedentes de otros países y la incorporación al sector hortofrutícola de temporeros procedentes del exterior, la recuperación de la vida social, la situación en cuanto positivos se ha disparado, aunque sin una correspondencia en número de fallecidos como si hubo desde marzo a finales de mayo.

Imagen espejo casos/fallecimientos difundida por Redes Sociales

Fase de rebrotes (21/06-20/08)

Letalidad: 0,37%

Media de fallecimientos diarios: 8,17

Repercusión fallecimientos diarios sobre el total habitual de defunciones diarias en España: 0,71%

Repercusión en la Morbilidad diaria: 0,74%

Porcentaje de hospitalizaciones sobre casos confirmados: 4,53%

Porcentaje de ingresos en UCI sobre casos confirmados: 0,31%

Porcentaje de ocupación de camas: 4,30%

Porcentaje de ocupación de UCIs: 6,18%

Asintomáticos: hasta el 85%

¿Debemos parar sectores económicos del país, la educación, el deporte base, nuestra forma de vivir en resumidas cuentas, por una enfermedad con estos datos?

Y termino con un análisis de lo que representa la COV!D-I9 a nivel mundial respecto a otras enfermedades y causas de defunción.

En la fecha que estoy escribiendo estas últimas líneas, los datos publicados sobre la situación de la enfermedad son: 23.470.124 casos confirmados y 810.253 fallecidos. Los muertos contabilizados a nivel mundial en este año 2020, rondan los 38.000.000, que serán alrededor de 57.000.000 a final de año, cifras similares a las de 2018 y 2019. A día de hoy, la repercusión de los decesos por la C0V!D en el total de fallecimientos a nivel mundial, es del **2,13%**. Si ponemos en contraste esta cifra con las cinco principales causas de fallecimientos, nos encontramos con:

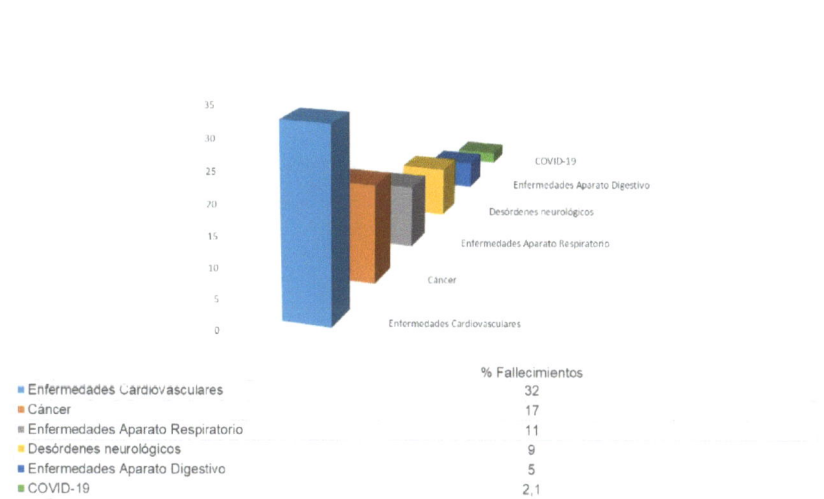

Principales causas fallecimientos a nivel mundial. Elaboración propia

Y si tomamos como referencias ciertas tipologías de fallecimientos, en lo que llevamos de 2020 (hasta agosto), han fallecido por Malaria alrededor de 650.000 personas (1,7%), por VIH/SIDA 1.100.000 (2,9%), muertes directamente asociadas al tabaquismo, 3.200.000 (8,4%), 1.600.000 asociados al consumo de alcohol (4,2%), 900.000 por tuberculosis (2,4%), 850.000 por diabetes (2,2%), 695.000 suicidios (1,8%) y 5.000.000 de niños menores de 5 años por diversas causas (13,15%).

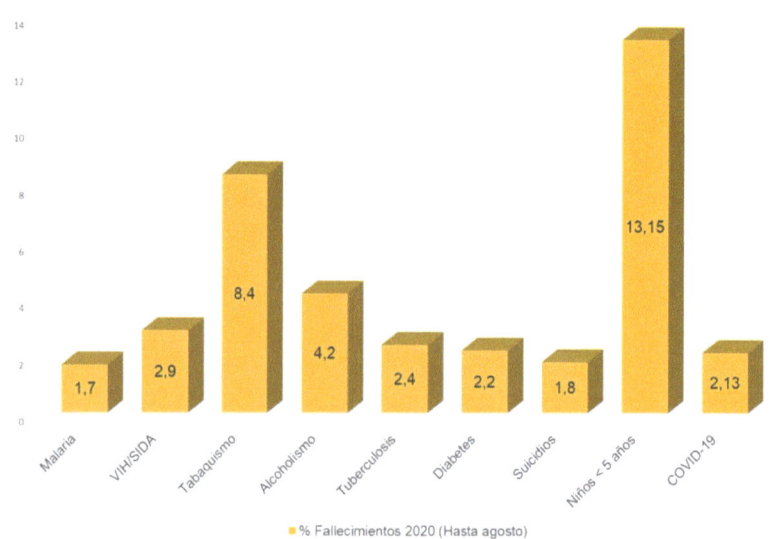

% fallecimientos por diferentes causas. Fuentes: WHO y WORLDMETERS. Elaboración propia

¿Solo la COV!D-I9 presenta datos, para que llevemos seis meses, con una dedicación, mediático-política-sanitaria, exclusiva?

FUENTES Y BIBLIOGRAFÍA

- ABC (abc.es)
- Aerzteblatt.de
- AS (as.es)
- Berbes.com
- Boe.es
- British Medical Journal (www.bmj.com)
- https://catalog.archives.gov (imagen de portada, sin restricción en su uso)
- Cadenaser.com
- Certest.es
- Centro para el Control y la Prevención de Enfermedades (espanol.cdc.gov)
- Comité Asesor de Vacunas (vacunasaep.org)
- Creative-diagnostics.com
- Definicionabc.com
- Dogv.gva.es
- Efesalud.com
- Elindependiente.com

- El Confidencial (elconfidencial.es)
- El Mundo (elmundo.es)
- El País (elpais.es)
- Fda.gov
- Gaceta Médica (gacetamedica.com)
- Iaea.org
- Instituto Nacional de Estadística (ine.es)
- International Committee on Taxonomy of Viruses (talk.ictvonline.org)
- Instituto de Salud Carlos III (isciii.es)
- Juntadeandalucia/eboja
- La Razón (larazon.es)
- La Vanguardia (lavanguardia.com)
- La Verdad (laverdad.es)
- Libre Mercado (libremercado.com)
- Linkedin.com/in/josegefaell.com
- Maldita.es
- Marca (marca.es)
- Ministerio de Sanidad (mscbs.gob.es)
- Moderna (www.modernatx.com)
- Ncbi.nlm.nih.gov
- Newtral.es
- Pixel.labcorp.com
- Redacción Médica (redaccionmedica.com)
- Redalyc.org

- Statista (statista.com)
- Universidad Complutense (ucm.es)
- Worldmeters.info
- World Health Organization (who.int)
- Xunta.gal/dog

ACERCA DEL AUTOR

Joaquín Roldán Morcillo, San Vicente del Raspeig (1965), autor de dos novelas, de diversos artículos especializados en el análisis de datos , coautor de los libros especializados en la aplicación de Inteligencia Artificial y Big Data al mundo del fútbol "Iniciación al Análisis de Datos y Big Data aplicado al fútbol" y "El fútbol es un juego de números" y de una obra de carácter científico de datos sobre la fase pandémica de la COV!D-I9, "102 años después".

www.ingramcontent.com/pod-product-compliance
Lightning Source LLC
Chambersburg PA
CBHW041947240526
45473CB00036B/2410